教科書ガイド

啓林館版

未来へひろがるサイエンス3　完全準拠

中学理科3年

編集発行
新興出版社
shinko publishing

もくじ

Guide to your text book

※本書に掲載の教科書紙面の一部で，著作権の関係等で掲載できない写真等につきましては，マスク(アミ)をかけておりますが
　ご了承ください。学習に際しては，教科書でその内容をご確認ください。

本書の特長と使い方

本書の特長

1 教科書の内容を詳しく解説！

あなたが使っている理科の教科書にぴったり合わせた問いかけや観察・実験などの詳しい解説を掲載しています。

2 問題の考え方や解答を掲載！

章末の「基本のチェック」や，単元末の「力だめし」の解答・解説を掲載していますので，自習するときのサポートに使うことができます。

3 重要事項やポイントが要約。定期テスト対策にも対応！

上記のような解説に加えて，テストによく出る重要用語や器具・薬品なども掲載していますので，定期テスト前にチェックして学習すれば，得点アップが期待できます。

内容と使い方

テストによく出る **重要用語** テストによく出る **器具・薬品等**	本書に掲載の教科書紙面の横に，重要用語や器具・薬品をまとめて掲載しています。授業の前後や定期テスト前にはチェックして，意味や使い方がわからないものは確認するようにしましょう。
テストによく出る🔍	定期テストによく出る内容です。重要用語や器具・薬品と合わせて確認しておきましょう。
ガイド❶	教科書に出てくる問いかけや観察・実験，「考えてみよう」「話し合ってみよう」「思い出してみよう」「活用してみよう」「表現してみよう」などについてとり上げ，要約や解説をしています。
解説	教科書より詳しい内容，広がる内容を掲載しています。

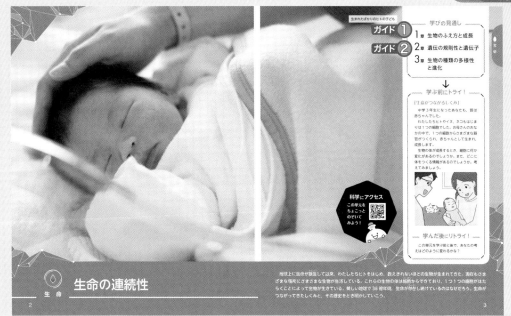

ガイド ① 生物のふえ方と成長

　植物の根の先端を特殊な液で染めて顕微鏡で観察すると、さまざまなようすの細胞が見られる。これは、細胞のコピーがつくられていく段階を示している（教科書 p.14〜15 参照）。1 つの細胞から、そのコピーがつくられ、2 つの細胞になることを細胞分裂という。分裂した細胞は、やがて成長して大きくなる。この細胞分裂をくり返して、植物の根は成長していくのである。細胞分裂は、根以外の部分でも行われ、植物は成長していく。

　自分と同じ種類の個体をつくることを生殖という。生殖によって、生物は個体数をふやしていく。生殖には、無性生殖と有性生殖とがあるが、どちらでも細胞分裂が行われる。この細胞分裂で、親から子へ遺伝情報が伝えられていく。遺伝情報がのっているのが染色体であるが、この染色体は、細胞分裂のときにコピーがつくられる。

　無性生殖では、親と同じ形や性質をもった子がつくられるのであるが、有性生殖ではどうなのだろうか。細胞分裂は、無性生殖と有性生殖とでちがいがあるのであろうか。動物と植物の有性生殖ではどのようにちがうのであろうか。これらのことについては、1 章で学習する。

ガイド ② 遺伝の規則性と遺伝子

　「うりのつるになすびはならぬ」、「かえるの子はかえる」ということわざがある。これらは、子の性質や能力は親に似ることを言い表したものである。

　このように、親のもっている形質（形や性質）がその子に伝えられることを遺伝という。

　19 世紀の半ばごろ、遺伝について画期的な研究を行ったのがオーストリアの司祭であったメンデルである。彼は、エンドウの草丈の高さのちがい、種子の色のちがい（緑色と黄色）、種子の形のちがい（丸としわ）などに着目して、遺伝の研究を進めた。その成果は法則としてまとめられている。これらの内容のいくつかについては、2 章で学習する。

　遺伝とは、染色体にふくまれている遺伝子が親から子に伝わることであるが、染色体と遺伝との関係についても、2 章で学習する。

5

テストによく出る
重要用語等

□生殖

ガイド 1 つながる学び

1 メダカには雌雄がある。そして，たまごと精子が結びつく(受精する)と，受精卵ができ，それは日がたつにつれて成長し変化する。最終的には子がかえる。

2 ヒトもまた，卵と精子が結びつく(受精する)ことで，受精卵ができ，日がたつにつれて変化し，母親の体内で成長していく。ヒトだけでなく，哺乳類は，子は母親の子宮内である程度成長してから生まれる。

3 種子植物の胚珠は種子になる。種子植物には大きく分けて，被子植物と裸子植物の2つがある。被子植物においては，胚珠はめしべの根もとの部分にあたる子房の中に入っている(子房は果実になる)。裸子植物においては，胚珠はむきだしになっている。いずれにしても，種子植物は種子によってなかまをふやす。

4 動物の細胞と植物の細胞には，いくつかの共通点やちがいがある。共通点として，核や細胞質があることが見られる。核とは，それぞれの細胞に1個ずつ入っている丸い粒であり，細胞質とは核と細胞壁以外の部分である。

ガイド 2 話し合ってみよう

❶ アメーバは，親の体の一部が分かれて，そのまま子になる(教科書 p.5 図1のアメーバの写真のうち，円の写真を見るとわかりやすいだろう)。コウテイペンギンは，親が卵を産み，そこから子がかえる。アサガオは，種子をつくってなかまをふやす。

❷ 教科書 p.5「ためしてみよう」には，セイロンベンケイとメダカが挙げられている。セイロンベンケイは，親の一部から分かれるかたちでなかまがふえていく。一方で，メダカは雌雄の親によって受精卵ができ，それによってなかまがふえていく。雌雄の親が必要かどうかという点で，この2つのなかまのふえ方にはちがいが見られる。

❸ 教科書 p.4のジャイアントパンダの親子の写真を見てみよう。親と子で同じ模様が見られる。このように，親と子の特徴には共通するものがあるだろう。しかし，特徴の中には，親と子でちがうものもある。これは，遺伝のしくみにかかわっている。

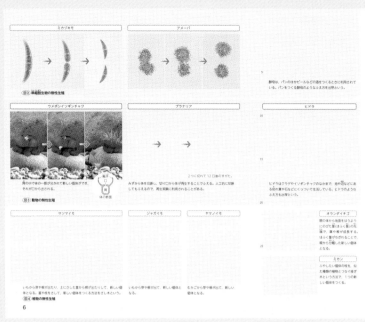

ガイド1 無性生殖（せいしょく）

雄（おす）・雌（めす）を必要とせず，親の体の一部が分かれて新しい個体（子）になることを無性生殖という。

◎単細胞生物の無性生殖

アメーバやミカヅキモ，ゾウリムシなどの単細胞生物は，基本的には，体細胞分裂（教科書 p.14〜15 参照）によって体が 2 つに分かれることで新しい個体をふやす。

◎動物の無性生殖

ヒドラやプラナリアは無性生殖で個体数をふやす。ヒドラはクラゲやイソギンチャクのなかまで，まるで芽が出るように，体の一部がふくらみ，やがて新しい個体になる。

プラナリアは，適温のときは自分で体を切って新しい個体をふやす。再生能力が高く，100 分の 1 ぐらいに切断しても，新しい個体になるという。なお，水温が低下すると雄と雌に分化し，春先に水温が上昇すると，有性生殖を行う。

◎植物の無性生殖

植物にも無性生殖で新しい個体をふやすものがある。植物において，体の一部から新しい個体をつくる無性生殖を栄養生殖という。

●ジャガイモ

ジャガイモのいもは，栄養分がたくわえられた地下茎（かけい）である。くぼみの部分から芽や根が出て新しい個体になる。地下茎で栄養生殖する植物としてはユリ，スイセン，タマネギ，サトイモなどがある。なお，サツマイモのいもは，根に養分がたくわえられたものである。サツマイモも栄養生殖をする。

●オランダイチゴ

親株（おやかぶ）に実がつきはじめるころ，親株から地面をはうようにほふく茎（けい）（ランナーともいう）がのびてくる。ほふく茎の先端（せんたん）には小さな葉がついており，地面につくと，そこから根が成長し，再び，ほふく茎がのびていく。1 つの親株から 4〜5 本のほふく茎がのびるので，全部で 20 個ほどの新しい株ができる。ほふく茎を切り離（はな）すと，それぞれ新しい個体となる。これらを育てることがイチゴ栽培（さいばい）である。

●ヤマノイモ

むかごは葉のつけ根にできる直径 1 cm ぐらいの栄養分をたくわえたもの（珠芽（しゅが））で，栄養分はいもと同じであり，食用になる。むかごが，地面に落ちると，芽が出て新しい個体になる。ヤマノイモは種子やたねいもからも新しい個体ができる。

●さし木

植物の枝や茎を土にさして根を出させ，個体をふやすことをさし木という。さし木は農業や園芸で用いられる。サツマイモやバナナ，パイナップル，サツキなどで行われている。

テストによく出る
重要用語等

- □有性生殖
- □卵
- □精子
- □生殖細胞
- □受精
- □受精卵
- □胚
- □発生

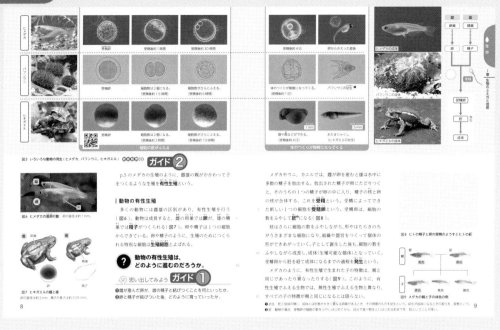

ガイド 1 思い出してみよう

❶ 卵と精子が結びつくことを受精という。

❷ 受精後，卵（受精卵）の中で成長し，やがて卵から子メダカとなって出てくる。

ガイド 2 いろいろな動物の発生

多くの動物には雌雄の区別があり，雌の卵巣では卵が，雄の精巣では精子がつくられる。卵と精子のように，生殖のために特別につくられる細胞を生殖細胞という。

メダカやウニ，カエルでは，雌が水中に卵を産むと，雄が多数の精子を放出する。放出された精子の1つが卵の中に入り，精子の核と卵の核が合体する。これを受精といい，受精した卵を受精卵という。受精卵は細胞分裂をくり返して胚になる。胚とは，受精卵が細胞分裂をはじめてから，自分で食べ物をと

りはじめる前までをいう。

胚は細胞分裂をくり返して数をふやすとともに，形やはたらきのちがうさまざまな細胞になり，その生物特有の体になっていき，成体（生殖可能な個体）になる。この受精卵から成体になるまでの過程を発生という。

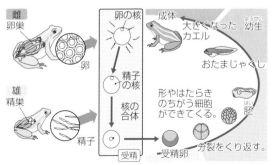

カエルの発生

テストによく出る

動物の有性生殖

- **動物の生殖細胞（卵と精子）**　卵は雌の卵巣で，精子は雄の精巣でつくられる。

- **受精と受精卵**　卵の核と精子の核が合体することを受精という。受精した卵を受精卵という。

- **発生**　受精卵は細胞分裂をくり返し，胚となる。胚をつくる細胞から組織や器官ができ，成体になっていく。この過程を発生という。

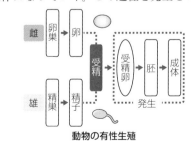

動物の有性生殖

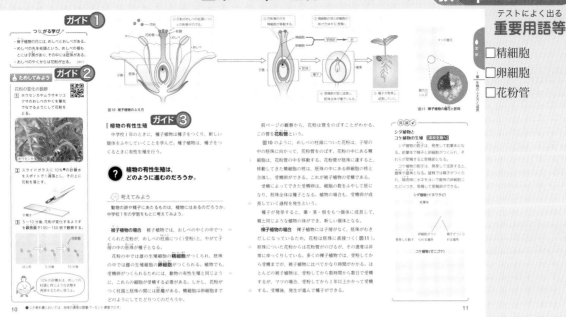

生命

ガイド 1 つながる学び

　被子植物の花にはめしべとおしべがあり、おしべの先端にあるやくに入っている花粉がめしべの柱頭について受粉が行われると、やがてめしべの子房の中にある胚珠が成長して種子になることはすでに学習した。動物の有性生殖と比較してみると、めしべと雌、胚珠と卵、おしべと雄、花粉と精子、受粉と受精の間に関連性があることが予想される。

ガイド 2 ためしてみよう

　花粉管がのびるようすを観察するのにホウセンカの花粉が使われるのは、花粉を落としてから数分で変化が見られるからである。

　実験中の温度が変化しなければ、花粉管の伸長はほぼ一定である(下図のグラフ)。花粉管はふつう1本出るが、2本出る場合もある。例えば、アフリカホウセンカでは花粉管の出る口が4か所あり、複数本出る場合がある。

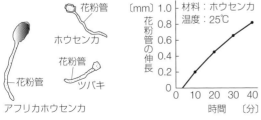

花粉管の伸長

ガイド 3 植物の有性生殖

　種子植物も有性生殖を行う。おしべでつくられる花粉からできる精細胞とめしべでつくられる卵細胞が生殖細胞である。

◎被子植物の受精

　花粉がめしべの柱頭につくと、花粉から花粉管が胚珠に向かってのびていく。花粉管を通って胚珠へと向かう。精細胞の核は、胚珠の中の卵細胞の核と合体し、受精卵ができる。これが被子植物の受精である。受精卵は細胞分裂をくり返して胚になり、胚珠全体は種子になる。種子が発芽すると、根・茎・葉をもつ体に成長し、親と同じ種類の植物になる。

　植物の場合も、受精卵が成長していく過程を発生という。

◎裸子植物の受精

　裸子植物には子房がなく、胚珠はむきだしであり、花粉は直接胚珠につく。花粉からは花粉管がのびるが、その速さはゆっくりであり、受精には時間がかかる。

テストによく出る
重要用語等

□染色体
□細胞分裂
□成長点

テストによく出る
器具・薬品等

□酢酸オルセイン
　溶液
□酢酸カーミン溶
　液
□酢酸ダーリア溶
　液

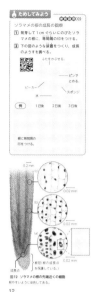

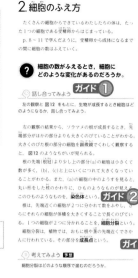

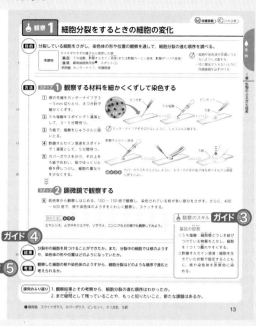

ガイド 1　話し合ってみよう

　教科書 p.12 図 12 を見ると，根の先端（せんたん）に近いほど小さな細胞（さいぼう）が目立ち，細胞の中のようすもさまざまである。これらのことから，細胞が分裂し，分裂した細胞が大きくなることで根が成長すると考えられる。また，根ののび方の観察では，根の先端より少し上の部分がもっとものびが大きい。このことから，細胞の分裂は，根の先端より少し上の部分でもっともさかんであると考えられる。

ガイド 2　染色体（せんしょくたい）

　染色体は細胞分裂のときに細胞内に見られるひものようなものである。核と同じように酢酸オルセイ（さくさん）ン溶液（ようえき）などの染色液によってよく染（そ）まる。染色体は細胞分裂がはじまると現れ，細胞分裂の過程が進むにしたがって，形や位置が変化する（教科書 p.14〜15 参照）。なお，細胞が分裂していない時期には，染色糸（せんしょくし）という細いらせん状のものになっている。

ガイド 3　薬品の役割

① 5％塩酸
　細胞壁（さいぼうへき）どうしを結びつけている物質をとかすはたらきによって，細胞を 1 つ 1 つ離（はな）れやすくする。
②酢酸オルセイン溶液
　細胞を生きていた状態で固定するとともに，核や染色体を赤紫（あかむらさき）色に染める。酢酸オルセイン溶液や酢酸カーミン溶液などの，細胞の一部を着色させる液を染色液という。染色液を用いると，細胞のつくりをはっきり見ることができるが，細胞を殺してしまうことにもなるので，生きた細胞の状態を観察したいときには，使ってはならない。

ガイド 4　結果

　教科書 p.14 図 13 の写真のように，核（かく）の中に染色体が見えたり，2 つに分かれた核が見られるなど，分裂中の細胞を見つけることができる。

ガイド 5　考察

　細胞分裂は，まず，1 つの核が 2 つに分裂し，続いて核のまわりの物質（細胞質）が分裂すると考えられる。

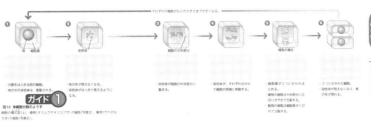

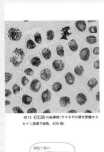

生　命

ガイド 1 　体細胞分裂のようす

　体細胞分裂では，核(とその膜)，染色体，細胞質それぞれに決まった動きが見られる。

	核と核の膜	染色体	細胞質
❶	核が1つ見える。	核の中で複製されている。	変化は見られない。
❷	膜が消える。	外から見えるようになる。	同上
❸	同上	細胞の中央部分に並ぶ。	同上
❹	同上	それぞれ分かれて細胞の両端に移動する。	同上
❺	同上	移動が終わり両端に集まる。	2つに分かれはじめる。
❻	核が2つになる。	外から見えなくなる。	2つに分かれる。

　❶，❻で染色体は核の膜の中にふくまれているが，核を形づくって細くて長いため，外からは見えない。

　❷〜❺では，核の形が消えて，染色体が太く短くなり，その形が見えるようになる。

　❺については，植物細胞では真ん中に仕切りができはじめる。動物細胞ではくびれが生じる。いずれにしても，この段階で細胞全体が2つに分かれはじめる。

ガイド 2 　ヒトの細胞の数

　細胞分裂によって，細胞の数はふえていき，それぞれが大きくなることで，生物の体もまた成長していく。すると，生物における細胞の数は非常に大きな数となる。

　例えば，ヒトの細胞は成人で数十兆個といわれている。非常に大きな数ではあるが，細胞分裂がすべての細胞で同時に行われるとするならば，1個→2個→4個→…と45回分裂すると約35兆個，46回なら70兆個をこえる数になると計算できる。

ガイド 3 　染色体の数

　遺伝情報を運ぶはたらきをする染色体の数は，生物の種類によって決まっている。例えば，ヒトは46本，チンパンジーは48本である。

　生物の種が異なっても染色体の数が異なるとはかぎらない。例えば，ライムギ，オオムギ，エンドウは，いずれも14本である。

　また，染色体の数の多さは，知能や進化とはまったく関係がない。例えば，アメリカザリガニは，ヒトよりはるかに多い200本である。

11

テストによく出る
重要用語等

- □減数分裂
- □遺伝
- □遺伝子
- □形質

ガイド 1　学習の課題

　教科書 p.15 表 1 のように，動物も植物も染色体の数は偶数である。これは，染色体は 2 本で一組であり，一般に，n 対で総数は 2n と表されるからである。

　卵（卵細胞）と精子（精細胞）の 2 つの生殖細胞が分裂によってできるとき，もとの細胞の核の染色体は対になっているものが離れ離れになって，新しい細胞の核に入る。もとの細胞の染色体の数は 2n 本だが，生殖細胞の染色体の数は半分の n 本になる。このような細胞分裂を減数分裂という。

　染色体の数が n 本の生殖細胞どうしの受精によってできる受精卵の染色体数は 2n 本になる。つまり，親と子の染色体の数は同数に保たれることになる。

　下図は体細胞の染色体の数を 2 本とした動物の減数分裂と受精の模式図である。

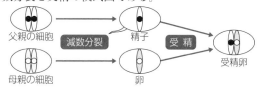

動物の減数分裂と受精

ガイド 2　基本のチェック

1.　（例）単細胞生物：ミカヅキモ，動物：イソギンチャク，植物：サツマイモ

2.　（例）動物の場合，卵の核と精子の核が合体すること。植物の場合，卵細胞の核と精細胞の核が合体すること。

3.　①花粉管　　②胚

4.　（例）生殖細胞がつくられるときに行われる，染色体の数がもとの細胞の半分になる細胞分裂。

ガイド 3　学習の課題

　生物のもつ形や性質の特徴を形質といい，親のもつ形質が子やそれ以後の世代に現れることを遺伝という。形質を伝えるものを遺伝子といい，遺伝子は，細胞の核内の染色体にある。

　無性生殖では，親の遺伝子がそのまま子に受けつがれるので，子には親と同じ形質が現れる。

　減数分裂によって生じた生殖細胞には，親のもつ遺伝子の半分が受けつがれている。したがって，有性生殖では，2 つの生殖細胞が受精してできた受精卵は，両親の遺伝子を半分ずつもつ。つまり，子は親とは異なる遺伝子をもつことになる。

　子は両親の遺伝子を半分ずつもつが，遺伝子には，形質が現れやすいものと現れにくいものがある。

　このため，親の形質はすべて子に遺伝するわけではなく，子に現れる形質は親と同じであったり，異なったりする。

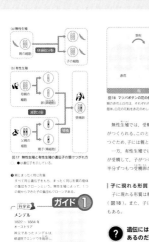

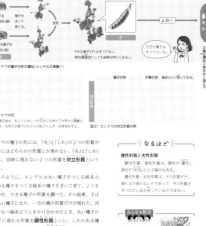

テストによく出る 重要用語等

- □自家受粉
- □純系
- □対立形質
- □顕性形質（優性形質）
- □潜性形質（劣性形質）

テストによく出る⚠

- **純系** 自家受粉などをくり返すことにより，親，子，孫と世代を重ねても，その形質がすべて親と同じである場合を純系という。
- **対立形質** ある1つの形質において，同時には現れない2つの形質が存在するとき，これらの形質を対立形質という。（例：エンドウの種子の「丸」と「しわ」，マツバボタンの「赤花」と「白花」）。
- **顕性形質** 対立形質の純系の親どうしをかけ合わせてできた子に，一方の親の形質のみが現れるとき，その形質を顕性形質（優性形質）という。
- **潜性形質** 形質の異なる純系の親どうしをかけ合わせてできた子に現れない親の形質を潜性形質（劣性形質）という。

ガイド① メンデル

　東京の小石川植物園には，「ニュートンのリンゴの木」と並んで「メンデルのブドウの木」が植えられている。メンデルといえば，エンドウの交配（かけ合わせ）実験が有名であるが，彼はブドウの品種改良にもとり組んでおり，それが遺伝研究をするきっかけであったとされている。

　家があまり裕福ではなかったメンデルは，生活と勉強のために修道院に入り，修道士となった。修道院でメンデルは，よいワインをつくるためのブドウの品種改良を命じられるが，彼はやみくもに交配実験をくり返すだけの品種改良のやり方に疑問をもった。また，ブドウの場合は，種子をまいてから果実が収穫できるようになるまで4〜5年かかるのも問題であった。そこで，彼は「交配の結果には法則があるはずであり，法則を知るためにはもっと有利な条件で実験をすればよい。そうすれば，ブドウの品種改良に役立つはずだ。」と考えたのであった。

　やがて，メンデルはエンドウを使って交配実験をするようになるが，彼の実験のすぐれている点は，それまでの博物学的な生物学とは異なり，統計的手法を取り入れたことである。実験結果を統計的に処理することで，遺伝の法則性が目に見えてきたのであった。

13

ガイド 1　考えてみよう

対立形質の純系の親どうしをかけ合わせてできた子には、すべて顕性形質が現れる。しかし、子を自家受粉させてできた孫の世代では、子に現れなかった潜性形質も現れる。

教科書 p.20 表3をもとに、孫に現れる顕性形質と潜性形質の比を考えてみる。まず、顕性形質の数を潜性形質の数で割って、四捨五入により小数第1位まで求める。

- 子葉の色　「黄色」が顕性形質、「緑色」が潜性形質である。

  $6022 \div 2001 = 3.00 \cdots \rightarrow 3.0$

- 花のつき方　「葉のつけ根」が顕性形質、「茎の先端」が潜性形質である。

  $651 \div 207 = 3.14 \cdots \rightarrow 3.1$

- たけの高さ　「高い」が顕性形質、「低い」が潜性形質である。

  $787 \div 277 = 2.84 \cdots \rightarrow 2.8$

以上の結果から、簡単な整数の比で表すと、

「顕性形質の数」:「潜性形質の数」=3:1

ガイド 2　エンドウの遺伝子の示し方

遺伝子が親から子、子から孫へと伝わることで、その形質は親から子、子から孫へと伝わっていく。

ふつう、顕性形質を伝える遺伝子はアルファベットの大文字で、潜性形質を伝える遺伝子は小文字で表す。例えば、エンドウの種子を丸くする遺伝子はA、しわにする遺伝子はaで表す。

このように、対立形質を運ぶ遺伝子は、同じアルファベットの大文字、小文字を用いる。

染色体は対になっているので、丸い種子をつくる純系では、Aという遺伝子をもつ染色体は2本ある。そのため、純系の遺伝子はAAのように表す。同様に、しわのある種子をつくる純系の遺伝子はaaと表す。また、Aとaの遺伝子をもつときは、顕性形質の遺伝子を先に書いてAaと表す。aAとは表さないので注意が必要である。

ガイド 3　エンドウの親から子への遺伝子の伝わり方

減数分裂では、対になっている染色体は分かれて別々の生殖細胞に入る。したがって、対になっている遺伝子も分かれて別々の生殖細胞に入ることになる。これを分離の法則という。純系の親の遺伝子がAAであれば、その生殖細胞の遺伝子はAになる。また、aaであれば、その生殖細胞の遺伝子はaになる。したがって、AAの遺伝子をもつ親とaaの遺伝子をもつ親とをかけ合わせると、受精卵はすべてAaの遺伝子をもつことになる。

このことにより、子では潜性形質は現れず、種子はすべて丸くなる。

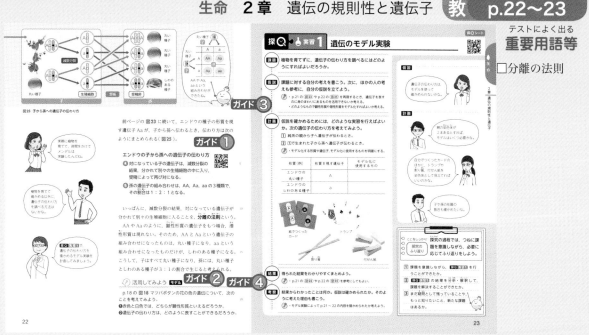

ガイド 1 エンドウの子から孫への遺伝子の伝わり方

子はAaという遺伝子をもつが，減数分裂の結果，Aとaは，分かれて別々の生殖細胞に入る。そして，受精によって再び対になる。孫の遺伝子の組み合わせは，下の表のようになり，AA，Aa，aaの3種類が1：2：1の割合でできる。

卵細胞＼精細胞	A	a
A	AA	Aa
a	Aa	aa

AAまたはAaという遺伝子をもつ孫は丸い種子になり，aaという遺伝子をもつ孫はしわのある種子になる。このことから，孫の世代では，丸い種子としわのある種子が3：1の割合で生じると考えられる。これは教科書p.20 表3のメンデルの実験結果とほぼ一致する。

ガイド 2 活用してみよう

❶赤色の遺伝子をA，白色の遺伝子をa，親の赤花の遺伝子の組み合わせをAA，白花の遺伝子の組み合わせをaaとする。このとき，子の遺伝子の組み合わせは，それぞれの親からとってAaとなる。教科書p.18図18では，子の花はすべて赤い。よって，赤色が顕性形質と考えられる。

❷❶では，一方の遺伝子をA，もう一方の遺伝子

をaで表した。このほかに，それぞれの形質を現す遺伝子をもつ染色体の組み合わせを，カードなどに置きかえて，遺伝子の伝わり方をモデルにして表すことができる。

ガイド 3 計画

カードにA，aと表記したり，トランプのマークでA，aとみなしたりして，遺伝子のモデルとする。親がAAとaaだから，モデルはそれぞれ2つずつ用意し，1つずつ出して組み合わせをつくる。

ガイド 4 結果・考察

純系の親AAとaaから子へ遺伝子が伝わるとき，遺伝子の組み合わせは右のようになる。したがって，子の遺伝子の組み合わせはAaだけである。

	A	A
a	Aa	Aa
a	Aa	Aa

子Aaから孫へ遺伝子が伝わるとき，遺伝子の組み合わせは右のようになる。したがって，孫の遺伝子の組み合わせは，AA：Aa：aa＝1：2：1である。

	A	a
A	AA	Aa
a	Aa	aa

以上から，教科書p.21〜22の内容を確かめられた。したがって，モデルを使う仮説は確かめられた。

遺伝子組換えの技術は，医学の分野では，インスリン（糖尿病の治療に用いる）などの生成に応用されている。園芸では，遺伝子組換えの技術によって，自然には存在しない青いバラや青いカーネーションをつくり出している。

従来の品種改良の技術では青色のバラの花を咲かせることはできなかったが，2004 年に，青い花を咲かせるパンジーの遺伝子をバラに導入することで，青色のバラの花を咲かせることができるようになった。

赤色のバラの花には赤色の色素がふくまれている。青色のパンジーの花は青色の色素をつくる遺伝子をもっているが，バラはその遺伝子をもっていない。そこで，パンジーからとり出した青色の色素をつくる遺伝子をバラの細胞にとりこませることで，青色の色素をもつバラをつくり出すことに成功した。

遺伝子組換え技術は，遺伝子治療にも用いられている。

農業では，遺伝子組換え技術によって，除草剤に強い，病虫害に強い，収穫量が多いなどの特徴をもった多くの品種がつくり出されている。こうしてつくり出されたダイズやトウモロコシなど広く栽培されている。

ガイド 2 　DNA をとり出す

① 　DNA は細胞中１個の核にふくまれるので，細胞が小さいほうが全体の核の数が多い。ブロッコリーの花芽は小さく数が多いので，これを使用する。

② 　細胞壁や細胞膜を乳ばちなどで機械的に破壊する。花芽がつぶれた感じになったら，それ以上はすりつぶさない。

③ 　洗剤中の界面活性剤で細胞膜・核膜がとけて塩化ナトリウム水溶液に DNA が抽出される。

④ 　DNA は水にとけるが，エタノールにはとけにくいので，エタノールを加える。するとエタノールにとけにくい DNA が集まり沈殿ができるが，エタノール中ではこの沈殿が軽いため浮き上がってくる。

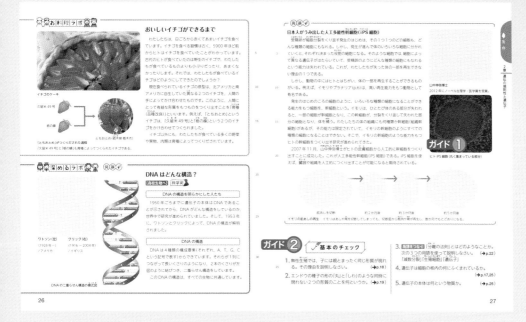

解説　現在つくり出されている幹細胞

◎**能力を強化した組織幹細胞**　限定した能力しかもたない，わたしたちの体にある組織幹細胞の能力を，すべての種類の細胞になれるように高める研究がされている。

◎**胚性幹細胞（ＥＳ細胞）**　胚性幹細胞は，動物の受精卵の胚の一部からつくられる幹細胞である。この細胞は，すべての組織になる能力をもち，ほぼ無限に増殖させることができるため，再生医療などへの応用に注目されている。ただし，生命（受精卵など）をあつかうことに対しての倫理的な問題も論じられている。

◎**人工多能性幹細胞（ｉＰＳ細胞）**　人工多能性幹細胞は，ヒトの体細胞へ何種類かの遺伝子を導入することにより，ＥＳ細胞のように非常に多くの種類の細胞になることのできる幹細胞である。

ガイド 1　幹細胞

　幹細胞とは，いろいろな種類の細胞になることのできる能力をもつ細胞のことである。ヒトが手を加えない範囲では，どんな種類の細胞にもなれる細胞は，受精直後から約２週間後の受精卵のみである。

ガイド 2　基本のチェック

1. （例）無性生殖では，受精が行われず，親から遺伝子をそのまま受けつぐため。
2. 対立形質
3. （例）減数分裂の結果，対になっている遺伝子が分かれて別々の生殖細胞に入ること。
4. 遺伝子は細胞の核内の染色体にふくまれている。
5. DNA（デオキシリボ核酸）

テストによく出る
重要用語等

□進化

ガイド 1 つながる学び

1　植物は，被子植物，裸子植物，シダ植物，コケ植物に分類できる。植物は，なかまのふやし方によって，種子をつくるものと，そうでないものに分けられる。

　種子をつくるものを種子植物というが，これはさらに胚珠が子房の中にあるもの被子植物と，胚珠がむきだしになっているもの裸子植物に分けられる。一方，種子をつくらないものに，シダ植物とコケ植物がある。シダ植物には，葉・茎・根の区別があるが，コケ植物にはない。

2　脊椎動物は，魚類，両生類，は虫類，鳥類，哺乳類に分類できる。この場合の分類には，さまざまな観点がある。例えば，呼吸のしかた(えらで呼吸するか，肺で呼吸するか)や，なかまのふやし方(卵生か，胎生か)，体の表面のようす(羽毛や体毛があるか，ないか)がある。それぞれどのような特徴があるか，教科書 p.29 表4で確かめてみよう。

3　地層ができた時代を推定できる化石を示準化石という。この化石の特徴は，ある限られた時代(期間)だけに生存した生物の化石ということである。例えば，アンモナイトの化石がある地層は，中生代にできたものと推定できる。それは，アンモナイトが中生代にのみ生存していたからである。

ガイド 2 考えてみよう

魚類

4	両生類			
2	3	は虫類		
1	2	3	鳥類	
1	2	2	3	哺乳類

ガイド 3 カモノハシは何類？

　カモノハシは，子に授乳して育てる哺乳類である。しかし，卵生であり，ふつうは1～2個の卵を産む。卵は10日ほどでかえるが，生まれてすぐの子はとても小さく，子が自力で泳げるようになるまでの約3～4か月の間，親が面倒を見る。

　足には水かきがついており，これを使って水中で泳ぐ。目や耳，鼻から水が入りこまないように，皮膚にひだがついていたり，膜で鼻を守ったりするなど，体のつくりも特徴的である。つめもあるため，陸上で走ることもできる。また，つめと足を使って，水辺に巣穴をつくる。食べ物は，水底の虫，貝，ミミズなどで，くちばしですくいあげて食べる。歯をもたないので，いっしょにすくった砂利が食べ物を細かくくだく上で役に立つ。

　このように，カモノハシにはいくつかの特徴が見られる。哺乳類でありながら，哺乳類には見られない特徴があるなど，生物を分類することの難しさを感じさせるような動物でもある。

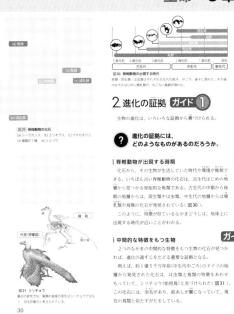

ガイド1　進化

　生物において，進化とは生物が世代を重ねるうちに，遺伝子や形質が変化することをさす。日常会話で使う「進化」と比べると，意味が限定されているので，注意しよう。

　遺伝子はまれに変化することがある。これを突然変異として説明することもある。遺伝子の突然変異は，遺伝情報のコピーがうまくいかないことで起こる。これにより，親とはちがう遺伝子，そして新たな特徴をもつ子が生まれる。ただし，突然変異が起こっただけでは，進化とはいえない。新しい特徴をもった子が生きのびて，子孫を残して進化といえるのである。

　過去の生物の進化を見ると，まわりの環境に合うように変化しているように見えるが，生物は自ら望んで進化することはない。突然変異によって生まれた新しい種類の中で，たまたま環境に合ったものが子孫を残し，生きのびたということである。

　そのため，環境が変化しないかぎり，突然変異が起こっても生きのびやすいのはもとの種類のほうである。実際に，孤立した島など環境が変化しにくい場所には，古くからいる種類の生物が多く見られる。しかし，環境が変化すると，新しい種類のほうにも生き残る可能性が出てくる。その結果，環境に変化があると，進化が起こりやすくなる。中生代の終わりには，隕石の衝突などで環境に変化が起こり，恐竜など多くの生物が絶滅した。一方で，哺乳類は急激に進化している。

ガイド2　相同器官

　見かけの形やはたらきが異なっても，その基本的なつくりや起源が同じものを相同器官という。ヒトのうで，ネコの前あし，クジラの胸びれ，コウモリの翼，ハトの翼，ペンギンの翼，トカゲの前あし，カエルの前あしなど，脊椎動物の前あしは相同器官である。これは，両生類，は虫類，鳥類，哺乳類が同じ基本的なつくりをもつ脊椎動物から進化したことを示すものと考えられる。

　かつては同じはたらきをしていたと考えられる前あしは，それぞれの動物の生活環境に都合のよいように進化をしている。例えば，ヒトではものをつかむのに適したうでに進化し，コウモリでは飛ぶのに適した翼に進化し，クジラでは泳ぐのに適したひれに進化している。

ガイド 1　植物の進化

　地質学的な研究によると，約12億年前の陸地では川や池などに藻類が存在していたとされる。

　約4億5000万年前になって，ようやく現在のコケ植物に似た植物が水辺に現れた。その当時の陸地は乾燥していたため，体の表面から水を吸収するコケ植物は乾燥に弱く，水辺から離れることはできなかった。

　やがて，維管束や気孔を発達させたシダ植物が出現したが，まだ，乾燥した内陸までは進出できなかった。しかし，それでも少しずつ陸地は緑におおわれるようになり，約3億5000万年前には地球最初の森林が出現したとされている。

　その後，シダ植物は大繁栄し，その堆積物から生じたものが石炭である。

　シダ植物の中から，子孫をより広範囲に広げることのできる種子をつくる植物，すなわち裸子植物が出現した。さらに，中生代になると裸子植物の中から進化して被子植物が出現した。

　現生の生物は，動物も植物も，長い年月をかけて過去の生物が，環境に合うように進化したものであると考えられている。

ガイド 2　動物の進化

　地球の誕生は約46億年前であるが，約38億年前には，海の中で，最初の生物が誕生した。これは単細胞生物であり，やがて多細胞生物へ進化し，約6億年前には，ほとんどの無脊椎動物の祖先が現れたといわれる。

　約5億年前に，ナメクジウオの先祖から，最初の脊椎動物が現れた。これは，現在のヤツメウナギの祖先の無顎類であった。無顎類は，やがてひれやうろこをもつ魚類に進化していった。

　一方，陸上にシダ植物が生えるようになると，これに続いて，無脊椎動物の昆虫類や，脊椎動物の魚類から進化した両生類など，陸上で生活できる動物が現れた。

　そして，乾燥した陸地に種子植物が生えるようになったころ，は虫類が現れ，続いて哺乳類や，鳥類が現れるようになった。

　約2億5200万年前からの中生代には，は虫類が大形化し，恐竜となった。しかし，約6600万年前，大規模な地球環境の変化が起こり，恐竜は絶滅した。

　その後，哺乳類と鳥類がなかまをふやし，哺乳類の中から，直立して道具をつくり，火を使い，言葉を話すヒトが誕生した。

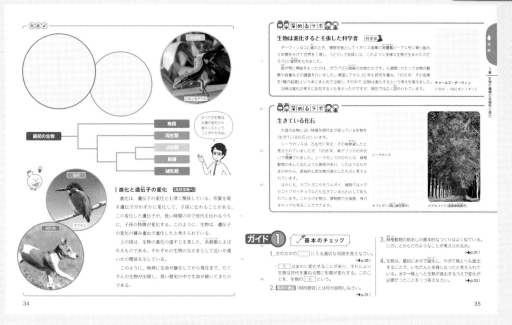

解説 ガラパゴスゾウガメ

1859 年にダーウィンは「種の起源」を著し、その中で進化論を提唱した。

彼が進化論の着想を得たのは、ガラパゴス諸島で観察したガラパゴスゾウガメの形態や生態からであるといわれている。ガラパゴスゾウガメはガラパゴス諸島のいくつかの島に生息しているが、その形態は生息する島によって異なる。下草の豊富な島に生息するゾウガメの甲羅の形はドーム型であるが、下草があまり生えない島に生息するゾウガメの場合は、大きなサボテンの高い位置にある葉や花を食べるために首を長くのばすので、甲羅の形が鞍型に進化しているのである。

ガラパゴス諸島は、南アメリカ大陸のエクアドル本土から西へ約 900 km の赤道直下にある大小さまざまな島々である。1000 万〜500 万年前の火山活動によってできた島々で、大陸とは一度も陸続きになったことがない。

このような島々に、リクガメであるガラパゴスゾウガメは、どこから、どのようにして移動してきたのであろうか。

近年の遺伝子研究から、ガラパゴスゾウガメは南アメリカ大陸に生息するリクガメと近親関係にあることがわかっている。また、大陸からガラパゴス諸島方面に向かう海流が流れており、東から西へ向かって貿易風がふいているという自然条件がある。ガラパゴス諸島は年間数 cm 南東へ向かって移動して

いることから、昔は、島々と大陸との距離は、今ほどは離れていなかったと考えられる。これらのことから、小形のリクガメが流木などに乗って、ガラパゴス諸島にわたってきたのではないかと推測されている。

ガイド ① 基本のチェック

1.　①遺伝子　　②進化

2.　(例)見かけの形やはたらきは異なっていても、基本的なつくりが同じで、起源は同じものであったと考えられる器官。

3.　(例)脊椎動物は共通の祖先から進化した。

4.　(例)陸上生活に適した 4 本あし、空気中の酸素をとり入れる呼吸器官、乾燥に耐えられるしくみ、など。

①たけしさんが弟のこうじさんと，家の畑でジャガイモを収穫（しゅうかく）しながら話をしている。

こうじ：ジャガイモを育てるために，はじめに<u>たねいも</u>[a]というものを土の中にうめたよね。あれはジャガイモの種子なの？

たけし：ジャガイモのいもを放置しておくと，芽や根が出てくることがあるね。だけど，たねいもも，もとは土の中にできたいもで，種子ではないよ。

こうじ：じゃあ，ジャガイモには種子はできないのかな？

たけし：いやいや，<u>ジャガイモだって種子植物だから花が咲（さ）いて種子はできるんだよ</u>[b]。

【解答・解説】────────────

⑴ （例）まったく同じ形質である。

　ジャガイモのいもから芽や根が出て，新しい個体となる。このため，形質はまったく同じである。

⑵ 栄養生殖（せいしょく）

　植物において，体の一部から新しい個体をつくる無性生殖のことを栄養生殖という。

⑶ 種子…胚珠（はいしゅ）　受精卵…胚（はい）

　じゃがいもは被子植物であるため，子房（しぼう）のなかに胚珠がある。おしべのやくの中でつくられた花粉（か）が，めしべの柱頭について受粉すると，めしべの根もとの子房は成長して果実になり，子房の中の胚珠は種子になる。

　花粉の中では雄（おす）の生殖細胞（さいぼう）である精細胞がつくられ，胚珠の中では雌（めす）の生殖細胞である卵細胞がつくられる。植物でも受精卵がつくられるためには，動物の有性生殖と同じように，これらの細胞が受精する必要がある。精細胞の核と卵細胞の核が合体すると受精卵となり，受精卵は胚に成長する。そして胚珠全体が種子になるのである。

②多くの動物には雌雄（しゆう）の区別があり，雌（めす）と雄（おす）がかかわって子孫をつくる。

【解答・解説】────────────

⑴ 雌…卵　雄…精子

　動物は成長すると，雌の卵巣では卵が，雄の精巣では精子がつくられる。卵や精子は1つの細胞からできている。卵や精子のように，生殖のためにつくられる特別な細胞は生殖細胞とよばれる。

⑵ ア

　卵は精子より大きい。

⑶ 受精卵

　1つの精子が卵の中に入り，精子の核と卵子の核が合体する。これを受精という。受精によってできた新しい1つの細胞を受精卵という。受精卵は，細胞の数をふやして胚になる。

⑷ ⑶でできたもの

　卵の大きさは，細胞の数が増えていっても変わらない。そのため，細胞が増えるにつれて細胞一つ一つの大きさは小さくなる。

⑸ 発生

　胚は細胞の数をふやしながら，形やはたらきのちがうさまざまな細胞になり，組織や器官をつくって個体の形ができあがっていく。子として誕生した後も，細胞の数をふやしながら成長し，成体（生殖可能な個体）となっていく。受精卵から胚を経て成体になるまでの過程を発生という。

⑹ エ→ウ→オ→イ→ア

　受精卵は細胞の数をふやして胚になる。胚はさらに細胞の数をふやしながら，形やはたらきのちがうさまざまな細胞になり，組織や器官をつくる。したがって，細胞が少ないものから多いものに並べかえて（エ→ウ→オ→イ），最後に頭や尾（お）などができた（ア）とすればよい。

③必要な器具や薬品を準備して，タマネギの根の細胞分裂について調べた。

[手順]

①タマネギの根の先端部分を切りとり，スライドガラスにのせる。

②えつき針でくずした後，5%塩酸をスポイトで1滴落として，3〜5分ほど待つ。塩酸はろ紙でじゅうぶんに吸いとる。

③酢酸オルセイン溶液をスポイトで1滴落として，5分間待つ。

④カバーガラスをかけ，ろ紙でおおって指で押しつぶす。

⑤顕微鏡で観察する。

【解答・解説】────────────

⑴　ウ

　　根は，先端近くの細胞が2つに分かれて数をふやし，さらにそれらの細胞が体積を大きくすることで長くのびている。1つの細胞が2つに分かれることを，細胞分裂という。細胞分裂は，植物では，おもに根や茎の先端近くでさかんに行われている。その部分を成長点という。

⑵　(例)細胞を1つ1つ離れやすくするため。

　　5%塩酸は，細胞壁どうしを結びつけている物質をとかし，細胞を1つ1つ離れやすくする。

⑶　染色体

　　細胞分裂をしていない細胞には核がはっきりと見られるが，細胞分裂がさかんな部分には核が見られず，染色体がみられる。酢酸オルセイン溶液は，細胞を生きていた状態に固定するとともに，核や染色体を赤紫色に染める。

⑷　遺伝子(DNA，デオキシリボ核酸)

　　生物が子を残すとき，親のもつさまざまな特徴が子に伝わる。生物のもつ形や性質などの特徴を形質と呼ぶ。親の形質が子やそれ以後の世代に現れることを遺伝という。遺伝するそれぞれの形質のもとになるものを遺伝子という。遺伝子は，細胞の核内の染色体にある。

⑸　(例)細胞の重なりを少なくするため。

　　指でゆっくりと根を押しつぶすことで，細胞の重なりを少なくすることができ，一つ一つの細胞分裂のようすを見やすくする。

⑹　B

　　この問題の観察は，体をつくっている体細胞が細胞分裂によって増えていく，体細胞分裂を観察

している。体細胞分裂は次のように進む。

F：核の中の染色体が複製され，2本ずつくっついた状態になる。まだ染色体の形は細くて長いため，見えない

D：分裂がはじまると，核の形は見えなくなる。染色体は2本ずつくっついたまま太く短くなり，はっきり見えるようになる。

E：染色体が細胞の中央部分に集まる。

B：2本ずつくっついていた染色体が1本ずつに分かれ，それぞれが細胞の両端に移動する。

C：細胞の両端に2つの核ができはじめ，細胞質も2つに分かれはじめる。

A：完全に細胞質が2つに分かれ，核の形が見えるようになり，2つの細胞ができる。

⑺　細胞が分裂して数がふえ，分裂したそれぞれの細胞が大きくなるため。

　　体が成長するときには，細胞分裂によって体細胞の数がふえていく。分裂した細胞は，それぞれが大きくなり，生物の体は成長する。また，細胞はある一定の大きさになると，成長が止まったり，次の分裂の準備をしたりする。

⑻　減数分裂

　　生殖細胞がつくられるときに行われる細胞分裂は，体細胞分裂とは異なり，染色体の数がもとの細胞の半分になる。このような細胞分裂を減数分裂という。染色体の数が半分になった卵と精子が合体する受精によって，子の細胞は親と同じ数の染色体をもつことになる。

生命

④エンドウを使ったメンデルの実験で，4種類の形質について，下表のような結果が得られた。

形質	孫に現れた形質と数		割合
子葉の色	黄色 6022	緑色 2001	(　　) : 1
種子の形	丸 5474	しわ 1850	(　　) : 1
花のつき方	葉のつけ根 651	茎の先端 207	(　　) : 1
たけの高さ	高い 787	低い 277	(　　) : 1

【解答・解説】──────────

(1)　3

　表を見ると，子葉の色，種子の形，花のつき方，たけの高さ，すべての形質について，孫に現れた顕性形質と潜性形質の数の割合がほぼ同じ比率になっていることがわかる。例えば，子葉の色について，顕性形質の黄色の数は潜性形質の緑色の数の約3倍になっている。そのため，現れた数が少ない方（潜性形質）を1とすると，顕性形質と潜性形質の比率は，3：1　となる。

(2)　右図(15 個ぬってあればよい)

　孫の代の固体の数が 20 であるから，3：1 に分けると，15：5 となる。比 a：b＝c：d ならば，両辺の比の値が等しいことから，$\dfrac{a}{b}=\dfrac{c}{d}$ といえる。

────────────────────

⑤エンドウの種子を丸くする遺伝子をA，しわにする遺伝子をaとする。形は丸いが遺伝子の組み合わせがわからない種子から育ったエンドウと，しわのある種子をつくる純系のエンドウをかけ合わせたところ，下図のようにその子の代では，数の比が1：1で丸い種子としわのある種子ができた。これより，下線部の種子の遺伝子の組み合わせを考えて答えなさい。

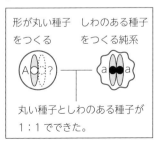

形が丸い種子　しわのある種子
をつくる　　　をつくる純系

丸い種子としわのある種子が
1：1でできた。

【解答・解説】──────────

Aa

　エンドウの種子の形について，「丸」と「しわ」の2つの形質があり，子にはどちらかの形質しか現れない。「丸」と「しわ」のように，同時に現れない2つの形質を対立形質という。メンデルは丸い種子をつくる純系(AA)としわのある種子をつくる純系(aa)の種子をまいて育て，2つをかけ合わせ，できる種子の形質を調べた，その結果，子はすべて丸い種子になり，一方の親の形質だけが現れた。対立形質をもつ純系どうしをかけ合わせたとき，丸い種子のように子に現れる形質を顕性形質，しわのある種子のように子に現れない形質を潜性形質という。すなわち，「Aa」の遺伝子を持つ種子はすべて丸くなる。

　本問では「A？」と「aa」の親をかけ合わせている。そのため，子の代の遺伝子の組み合わせは，「Aa」「Aa」「？a」「？a」となる(下表参照)。

	形は丸いが遺伝子の組み合わせがわからない種子	
	A	？
しわのある種子をつくる純系	a	Aa	a？
	a	Aa	a？

　種子を丸くする遺伝子Aを持つ場合，種子の形は丸くなる。もし，？がAの場合，子はすべて「Aa」となり，すべて「丸」の種子になる。そのため，「丸」の種子と「しわ」の種子が1：1の割合でできたという条件を満たさない。逆に？がaの場合，子は「Aa」「Aa」「aa」「aa」となる。「aa」の種子は，種子の形を丸くする遺伝子Aを持たないため，しわのある種子となる。「Aa」と「aa」の割合は1：1であり問題の条件と合うため，形は丸いが遺伝子の組み合わせがわからない種子の遺伝子は，Aa である。

⑥ひろとさんは植物の遺伝の規則性を学習するために，研究所を訪問した。研究員とひろとさんの会話文を読んで，次の問いに答えなさい。

研究員：ここに，代々たけの高さが高いエンドウと，代々たけの高さが低いエンドウがあります。

たけが高い　　　たけが低い

ひろと：ある形質について，親，子，孫と代を重ねてもその形質がすべて親と同じであるとき　①　というのですよね。

研究員：そうです。では，こちらの部屋を見てください。

ひろと：たくさんエンドウの株が並んでいますね。何か実験をしているのですか。

研究員：　①　のたけが高いエンドウの種子をまいて育てたものです。この花のめしべに，　①　のたけが低いエンドウの花の花粉をつけました。もうすぐ種子を収穫することができます。その収穫した種子をまいて育てて，たけの高さがどのようなエンドウが育つかを調べます。

ひろと：それらは，子の代のエンドウということになりますね。どんなエンドウが育つのかな。

研究員：さらに子の代のエンドウを自家受粉させて②できた種子を収穫し，そのできた種子をまいて育てて，③孫の代のエンドウについてもたけの高さを調べます。

ひろと：どんな結果になるのか，早く知りたいなあ。④

【解答・解説】

⑴　純系

　同じ形質の個体をかけ合わせたとき，親，子，孫と世代を重ねても，つねに親と同じ形質の個体が出来る場合，これを純系という。大問５で，エンドウの種子を丸くする遺伝子をA，しわにする遺伝子をaと表したが，丸い種子をつくる純系がもつ遺伝子をAA，しわのある種子をつくる純系がもつ遺伝子をaaと表している。

⑵　たけの高さ…たけの高いエンドウ

　理由…顕性形質を現す純系と潜性形質を現す純系のかけ合わせによって生まれる子は，すべて顕性

形質を現すから。

　研究員の３回目の発言と問題文より，顕性形質であるたけの高さが「高い」純系のエンドウと，潜性形質であるたけの高さが「低い」純系のエンドウをかけあわせ，子の形質を調べる実験を行っている。問題⑶をもとにして，エンドウのたけを高くする遺伝子をA，たけを低くする遺伝子をaとすると，たけの高さが高い純系のエンドウの種子の遺伝子をAA，たけの高さが低い純系のエンドウの種子の遺伝子をaaと表すことができる。これらをかけあわせた子の遺伝子はすべてAaである（下表参照）。

		たけの高さが高い純系のエンドウの種子の遺伝子	
		A	A
たけの高さが低い純系のエンドウの種子の遺伝子	a	Aa	Aa
	a	Aa	Aa

　Aの遺伝子を持つ場合，顕性形質であるたけの高さが「高い」エンドウが育つ。そのため，子の代のエンドウはすべて，たけの高いエンドウが育つ。

⑶　AA　Aa　aa（順不同）

　子の遺伝子はすべてAaであった。子の代のエンドウを自家受粉させてできた種子の遺伝子は以下の表の通りである。

		子の遺伝子	
		A	a
子の遺伝子	A	AA	Aa
	a	Aa	aa

⑷　（例）子の代どうしを自家受精させてできる孫の代には，顕性形質と潜性形質が 3：1 で現れるから。

　Aの遺伝子を持つ種子はすべて顕性形質である，たけが高いエンドウになる。孫の代の遺伝子はAA，Aa，Aa，aaである。このうちAの遺伝子を持つ（顕性形質を発現する）ものとAの遺伝子を持たない（潜性形質を発現する）ものの比は，3：1である。1000個の種子を育てるとのことなので，たけが高いエンドウの数を x，たけが低いエンドウの数を y とすると，

　3：1＝x：y

　$x＋y＝1000$

となる。

$3:1=x:y$ より，$3y=x$

x に $3y$ を代入して，$3y+y=1000$

$y=250$ となり，潜性形質である，たけの低いエンドウの数は約 250 個と予想することができる。

子 Aa と親 AA，aa のかけ合わせでは，次の表のようになる。

• Aa と AA

	A	A
A	AA	AA
a	Aa	Aa

このときできるエンドウはすべて顕性性質を発現する。

• Aa と aa

	a	a
A	Aa	Aa
a	aa	aa

このときできるエンドウは，顕性性質を発現するものと潜性形質を発現するものが 1:1 になる。

(5) 減数分裂の結果，対になっている遺伝子が分かれて別々の生殖細胞に入ること。

有性生殖では，対になっている親の遺伝子が半分ずつに分かれた生殖細胞がつくられる。この生殖細胞が受精することにより，できた子は親の遺伝子を半分ずつ受けつぐことになる。

7 長い地球の歴史の中で，さまざまな生物が現れ，進化してきたと考えられている。

【解答・解説】

(1) は虫類　鳥類(順不同)

約1億5千万年前(中生代中ごろ)のドイツの地層から発見された化石は，は虫類と鳥類の特徴をあわせもっていて，シソチョウ(始祖鳥)と名づけられた。この化石には，羽毛があり，前あしが翼になっていて，現在の鳥類と似たすがたをしている。しかし口には歯，翼の先には爪があり，現在のは虫類にも似ている。このことから，は虫類の生物が進化してシソチョウのような中間的な特徴をもつ生物となり，それが鳥類へと進化したのではないかと考えられている。

(2) ①相同器官

②コウモリ…翼　クジラ…ひれ

両生類やは虫類の前あし，鳥類の翼，哺乳類の前あしは，外形やはたらきは異なるのに，骨格の基本的なつくりがよく似ていることがわかる。これらは同じ形とはたらきのものが変化してできたと考えられる。このように，見かけの形やはたらきは異なっていても，基本的なつくりが同じで，起源は同じものであったと考えられる器官を相同器官という。

上述のように，哺乳類であるヒトのうでは，こうもりでは翼，クジラではひれと呼ばれている。

(3) 裸子植物

最初に陸上に現れた植物は，胞子でふえるコケ植物やシダ植物である。シダ植物はコケ植物に比べて，根・茎・葉のつくりが発達しており，生活場所を広げていった。そして，シダ植物から，種子でふえる裸子植物が現れて，一時繁栄した。その後，裸子植物から被子植物が進化した。

⑧ 思考力ＵＰ 「生命の連続性」の学習をしたあけみさんとしんじさんが話をしている。

あけみ：春に向けてあたたかくなってくると，花粉の飛散が少しゆううつだけ
ど，サクラの開花が近づいてくるので楽しみでもあるよ。

しんじ：そうだね。ソメイヨシノという種類のサクラがよく知られているね。
日本のソメイヨシノは，どの木も同じ遺伝子をもつと聞いたことがあ
るよ。昔の人がソメイヨシノというサクラをつくった後は，さし木な
どでふやし，それが各地に広がっていったということらしいんだ。

あけみ：ソメイヨシノの木がみんな同じ遺伝子ということのマイナス面はない
の？

しんじ：ありそうだよね。でも，みんな同じ遺伝子だから，各地でほぼ同じ花
のきれいなソメイヨシノを見られるんだろうね。

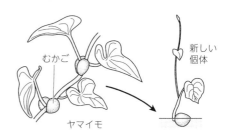

【解答・解説】

(1)　①花粉管

②(めしべの)柱頭

③ア…精細胞の核

イ…卵細胞の核

被子植物では，おしべのやくの中でつくられた
花粉が，めしべの柱頭につき受粉すると，やがて
子房の中の胚珠が種子となる。花粉の中では，雄
の生殖細胞である精細胞がつくられ，胚珠の中で
は雌の生殖細胞である卵細胞がつくられる。植物
でも受精卵がつくられるためには，動物の有性生
殖と同じように，これらの細胞が受精する必要が
ある。しかし，花粉がつく柱頭と胚珠との間には
距離がある。そのため，めしべの柱頭についた花
粉は子房の中の胚珠に向かって花粉管とよばれる
管をのばす。花粉の中にある精細胞は，花粉管の
中を移動する。花粉管が胚珠に達すると，移動し
てきた精細胞の核は，胚珠の中にある卵細胞の核
と合体し，受精卵ができる。

(2)　ア・キ　イ・ク　ウ・カ

オランダイチゴは，親の体から地面をはうよう
にのびた茎（ほふく茎）の先端で，根が生長する。
ほふく茎がちぎれることで，親から分かれた新し
い個体となる。

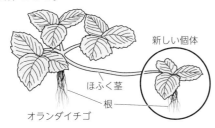

ほふく茎
根
新しい個体
オランダイチゴ

ヤマイモは，むかごから芽や根が出て，新しい
個体となる。

むかご
ヤマイモ
新しい
個体

ミカンは，ふやしたい個体の枝を，似た種類の
植物とつなぐ接ぎ木という方法で，1つの新しい
個体を作る。

(3)　ア，ウ

すべての個体が同じ遺伝子であるということは，
すべての個体の形質が同じであることを意味する。
そのため，環境の変化や病原菌がその生物に負の
影響を与えるものであった場合，すべての個体が
全滅するおそれがある。選択肢イは，すべての個
体が同じ遺伝子であっても子孫を残すことはでき
る（自家受粉する植物も多い）し，寿命も同じでは
ない。

(4)　① DNA

遺伝子は，細胞の核内の染色体にふくまれてい
る。これまでの研究から，遺伝子の本体は DNA
（デオキシリボ核酸）という物質であることが明ら
かになっている。

②　乾燥に強い形質の遺伝子

砂漠とは，降雨が極端に少なく，砂や岩石の多
い土地である。また昼夜の気温差が激しい。その
ため，考え得る遺伝子は，乾燥に強い形質の遺伝
子や，温度変化に強い遺伝子となる。

生命

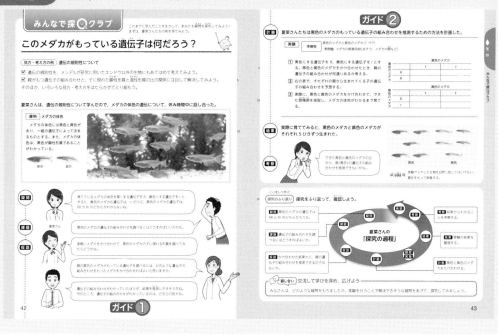

ガイド 1　条件を整理しよう

　メダカの体色の遺伝を考える前に，教科書17〜24ページで学んだような遺伝の規則性を整理しよう。

- 親，子，孫と世代を重ねても，形質が親と同じになる場合，これらを純系という。
- ある1つの形質について，同時に現れない形質が2つ存在するとき，これらの形質を対立形質という。
- 対立形質をもつ純系どうしをかけ合わせたとき，子が親のいずれか定まった一方と同じ形質を現すことを，顕性の法則という。
- 減数分裂の結果，対になっている遺伝子がわかれて別々の生殖細胞に入ることを，分離の法則という。

　今回のメダカの条件を整理すると以下の通り。

- 対立形質は，メダカの体色の「黒色」と「黄色」。
- 体色を黒くする遺伝子，黄色くする遺伝子はそれぞれわかっているが，どちらが顕性形質あるいは潜性形質かはわからない。

　夏菜さんの疑問は，黒色のメダカの遺伝子の組み合わせがRRとRrのどちらか，というものである。分離の法則から，黒色と黄色のメダカをかけ合わせたときの，遺伝子の組み合わせを考えることができる。

ガイド 2　考えられる遺伝子の組み合わせは？

　黄色のメダカの遺伝子がrrであることはわかっているので，黒色のメダカの遺伝子が，① RRである場合，② Rrである場合の2つにわけて推測してみよう。

①黒色のメダカの遺伝子がRRのとき

		黄色のメダカ	
		r	r
黒色のメダカ	R	Rr	Rr
	R	Rr	Rr

　このとき，子の遺伝子の組み合わせはすべてRrとなり，すべて黒色のメダカになる。

②黒色のメダカの遺伝子がRrのとき

		黄色のメダカ	
		r	r
黒色のメダカ	R	Rr	Rr
	r	rr	rr

　このとき，子の遺伝子の組み合わせは，Rrとrrのどちらかになり，比は 1：1 となる。

　実験結果では，黒色のメダカと黄色のメダカの比が 5：5，つまり 1：1 となった。このことから，黒色のメダカの遺伝子はRrの組み合わせと考えられる。このとき，黒色の形質が顕性である。

ガイド① 鳥類は恐竜から進化した？

　そもそも恐竜とは，全長数十 cm の小型種から30 m をこえるとされる大型種まで，さまざまな種類のあるは虫類である。そして，鳥類とは虫類が近いことは古くから議論されていた。は虫類のどのグループから鳥類が現れたのかを考えていく中で，恐竜がもっとも鳥類に近いとする説が出てきた。この説のきっかけとなったのがシソチョウの発見である。

　シソチョウの化石は，約1億5000万年前の地層から発見された。羽毛をもっていた痕跡などがあったことから，シソチョウははじめ鳥類と考えられていた。その後，爪のある前あし，トカゲのように骨が連なった長い尾をもっていたことがわかり，鳥類とは虫類の中間にある生物としてとらえられた。

　しかし，鳥類が恐竜から進化したという説には反論も根強かった。鳥類のからだのつくりが恐竜に近いことを示す発見はあったものの，それだけでは進化の過程を説明できなかったのである。特に，前あしにある3本の指のつくりが，鳥類と恐竜では異なることも，反論の証拠となっていた。

　そのため，鳥類の前あしの指を，恐竜と同じ，親指，人さし指，中指とする新たな考えは，鳥類が恐竜から進化したという説を大きく前進させることにつながるのである。

ガイド② 生命誌絵巻

　教科書 p.45 にある「生命誌絵巻」は，生物の歴史と関係を，扇の形にかいたものである。

　扇の天(縁)にかかれているのは，現在地球上に暮らしているさまざまな種類の生物である。左端にはヒト，右端にはバクテリアがいる。

　扇の要(円の中心にあたる点)には，細胞がかかれている。これは，38億年前に存在した，すべての生物の祖先となる細胞である。つまり，扇全体で生物の38億年にわたる歴史を表現している。そして，縁に並ぶ現在の生物たちは，みな祖先の細胞から等しい時間(距離)をへて，今を生きているのである。

ガイド③ 日本における恐竜の化石

　日本でも，これまで各地で恐竜の化石が発見されている。その中でも，特に福井県勝山市ではたくさんの恐竜化石が見つかっている。これには，周辺の地層が関わっている。

　福井県，石川県，富山県，岐阜県には，「手取層群」とよばれる中生代の地層が広がっており，恐竜の化石はこの地層から発見される。この地層ができた場所は，湾，河口，川や湖と，さまざまな環境に変化している。化石の研究からは，恐竜だけでなく，ワニやカメ，鳥の生活も明らかになっている。

ガイド 1 学びの見通し

　この単元では，身近な天体の観察や実験を通して，天体とその運動に見られる特徴や規則性を学んでいく。

　1章では，宇宙にはどのような天体があるのかを学ぶ。身近な天体である地球や月，太陽の特徴やその動きを見ることからはじまり，太陽系，銀河系，宇宙に数多くある恒星とよばれる星について学んでいく。

　2章では，太陽をはじめとする恒星の動きをよりくわしく見ていく。わたしたちがふだん目にする昼間の太陽の動きや，夜の星座の動きには規則性がある。その規則性とは何か，なぜそのような規則性があるのかを考えていく。

　3章では，月や金星の動きをよりくわしく見ていく。わたしたちに見える月や金星の動き，そしてそれらの満ち欠けにもまた，規則性がある。その規則性について，ここでは自分たちでモデルをつくりながら(地球と月，金星の動きを再現しながら)，考えていく。

　そして，この単元の全体を通じて，観察結果と，教科書で学んだ知識を結びつけながら，宇宙や天体のしくみについて，理解を深めていくことが大切である。

ガイド 2 学ぶ前にトライ！

(例)

● 手がかりになりそうなのは星。たくさんある星のうち，目印になりそうなものを見つけたら，それに向かって進んでいけばよいのではないか。

● あらかじめ月の出方がわかっていれば，月を参考に方位を知ることができるのではないか。

● 太陽が沈んだ方向を記録しておけば，西に進むことができるのではないか。

ガイド ① 学習の課題

わたしたちにとって身近な天体である，地球，月，太陽が，どのような特徴をもっているのか。どこが似ていて，どこがちがうのかにも，目を向けながら整理していこう。

地球・月・太陽の特徴

	何でできているか	表面のようす	表面の温度
地球	岩石	酸素を多くふくむ大気や水がある。	−90℃〜60℃（平均15℃）
月	岩石	大気や水はほとんどなく，クレーターが見られる。	−170℃〜110℃
太陽	気体(おもに水素とヘリウム)	黒点(暗く見る部分)が見られる。プロミネンス(紅炎)が見られることもある。	6000℃（黒点は4000℃）

教科書の文中にある「生命ができる条件」として重要なものは，水，大気，温度である。

ガイド ② 結果

北
西　東
南

黒い部分は，まん中が黒く，そのまわりは灰色になっている。

1. （例）真ん中に大きいものが2つ，端のほうにもいくつかつながった大きなものがあった。それ以外に小さなものがいくつか見られた。
2. （例）だ円形や四角い形をしていたが，真ん中は黒く，そのまわりは灰色になっていた。

ガイド ③ 考察

（ガイド2の結果をもとに）

1. （例）黒点の大きさや形は定まっていないと考えられる。また，真ん中にあるものが大きく，周辺にあるのが小さく見えるのは太陽の形そのものに関係があるのではないか。
2. （例）黒点によって形がちがうのは，見える角度がそれぞれちがうことと関係があるのではないか。また，同じ黒点の中にも，真ん中と外側で色にちがいがある。

テストによく出る
重要用語等

- □自転
- □プロミネンス（紅炎）
- □コロナ
- □恒星

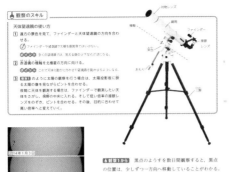

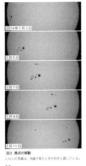

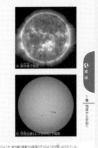

解説　天体望遠鏡の使い方

　観察には口径の小さな望遠鏡を使用する。口径の大きなものを使うときは，ふたをとりつけ，4〜5 cm ぐらいの穴をあけて，入る光の量を少なくする。

- 倍率は，30〜50 倍ぐらいにする。倍率を大きくすると，太陽が視野からはみ出してしまう。
- 接眼レンズと投影板の距離を変えると，太陽の像の大きさが変わる。
- 太陽が動いていく方向が西なので，記録用紙に方向を書いておく。また，肉眼で見た太陽と投影したものは，東西が逆になっている。接眼レンズにサングラスをつけて観察した場合には，東西南北が逆になっている。
- 太陽をファインダーや，サングラスをつけていない接眼レンズでのぞいたりすると，強い太陽の光がレンズによって集められ，目をいためてしまうので注意する。
- 黒点は，多いときと少ないときがあるので，必ず見えるとはかぎらない。

ガイド 1　考えてみよう

　地球に降り注ぐ太陽のエネルギーはわずか 1 秒間に約 176 兆 kJ といわれている。これは世界中で 1 秒間に使われているエネルギー（石油など）の 2 万倍以上とされている。このばく大な太陽のエネルギーが，地球の環境や生命に欠かせないはたらきをしているのである。

　まず，太陽のエネルギーが地球にもたらす影響について，熱があげられる。太陽がもたらす熱のおかげで，生命が存在するのに適した温度が保たれるのである。また，同じ地球でも受けとる太陽の熱は場所によってちがう。このちがいが，風や季節をつくりだし，地球の環境に影響を与えている。

　また，太陽のエネルギーとして光も重要である。植物は光合成によって太陽のエネルギーを自分のエネルギーにかえて，成長している。動物は，植物を食べる（または植物を食べた動物を食べる）ことを通じて，間接的に太陽のエネルギーをとり入れる。つまり，わたしたちをふくめすべての生物が太陽のエネルギーによって生活することができ，今ある地球の環境をつくり出しているのである。

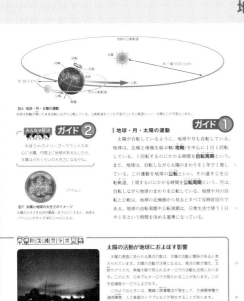

テストによく出る
重要用語等

□地軸

□自転周期

□公転

□公転周期

□太陽系

□惑星

地球

ガイド 1 　自転・公転

　地球は太陽のまわりを約1年(365.2422日)かけて1周している。この運動を地球の公転という。地球の公転軌道はほぼ円に近く、この公転軌道をふくむ面を公転面という。地球は地軸(北極と南極を結ぶ軸)を中心に1日に1回転している。地軸は公転面と垂直に交わる線に対して少し傾いている(23.4°)。北極側から見ると、公転も自転も反時計回り(左回り)である。

ガイド 2 　みんなで解決

- 太陽と地球の間の距離は約1億5000万km。
- 太陽の半径は約70万km(地球の約109倍)。

　ここでは、太陽と地球の間の距離を、メリーゴーラウンドの半径5m(0.005km)に縮小させる。すると、太陽の半径は以下のとおりとなる。

$$70万km×\frac{0.005\,km}{1億5000万km}=0.0000233…km$$

$$0.000023×1000×100=2.3 \qquad よって、2.3\,cm$$

10円硬貨の直径が2.35cmなので、ここでの太陽は10円硬貨が横に2枚入る大きさになる。また、このときの地球のおよその大きさは半径0.2mm、直径0.4mmとなる。

ガイド 3 　太陽系と惑星

　太陽系の惑星には定義があり、これから学ぶ8個の天体はこの定義をすべて満たしているために、太陽系の惑星として認められている。

　教科書p.53にある通り、惑星とは恒星のまわりを公転する天体であり、太陽系の場合、この恒星は太陽になる。2006年に決まった太陽系の惑星の定義によると、

- 太陽のまわりを回る。
- 十分な質量をもち、その結果、形が球状になった。
- その軌道近くから他の天体がなくなっている(排除されている)。

の3つである。かつては、海王星よりも遠くにある冥王星も太陽系の惑星にふくまれていたが、この定義に当てはまらなかったため、惑星からはずされた。

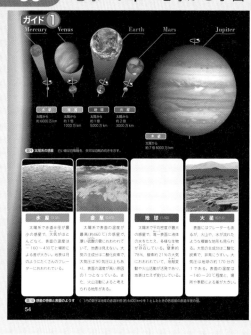

ガイド 1　惑星

太陽と，そのまわりを公転する天体をまとめて太陽系という。太陽系を構成する天体には，惑星，準惑星，小惑星，すい星などがある。惑星は 8 個あり，太陽に近いものから順に，水星，金星，地球，火星，木星，土星，天王星，海王星である。

◎水星

太陽系でもっとも小さな惑星で，大気はほとんどない。地球の内側の軌道を公転するため，夜間に観測することはできない。日中は太陽光のため，観測できないが，日没のころの西の空や夜明けのころの東の空で観測できることがある。

◎金星

地球のすぐ内側の軌道を公転する惑星で，大きさや密度などが，惑星の中でもっとも地球と似通っているため，「地球の姉妹星」とよばれることもある。地表では 90 気圧（地球の約 90 倍）にも達する厚い大気におおわれているが，その主成分は二酸化炭素であり，温室効果のため大気の温度は 400℃〜500℃にもなる。金星が観測できるのは，水星と同じく，夕方または明け方である。夕方に西の空に見える金星は「宵の明星」，明け方に東の空に見える金星は「明けの明星」とよばれる。月と同じように満ち欠けをするのが地球から観測できる。

◎火星

大気は非常にうすく，大気の主成分は二酸化炭素である。「赤い星」として有名だが，これは地表が酸化鉄でおおわれているためである。

◎木星

太陽系最大の惑星で，直径は地球の約 11 倍，質量は地球の約 320 倍である。しかし，密度は地球の約 4 分の 1 であり，比較的軽い物質でできていると考えられる。大気は水素，ヘリウム，アンモニアなどからなる。

◎土星

太陽系で 2 番目に大きな惑星である。リングをもつことで有名であり，ガリレオも土星を観察している。当時の望遠鏡は倍率が低く，リングは識別できなかったということである。

◎天王星

太陽系で 3 番目に大きい惑星である。大気は水素，ヘリウム，メタンなどからなる。このメタンのため，天王星は青緑色に見える。自転軸が大きく傾き，横だおしの状態で公転している。

◎海王星

太陽系でいちばん外側の軌道を公転する惑星で，大気は水素，ヘリウム，メタンなどからなる。このメタンが多いため，深い青色に見える。

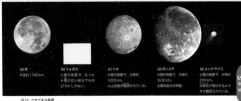

テストによく出る
重要用語等

- □ 地球型惑星
- □ 木星型惑星
- □ 小惑星
- □ 衛星
- □ すい星
- □ 太陽系外縁天体

(教科書 p.56〜57 の紙面を縮小掲載。表1「惑星と太陽の特徴」、図11 小惑星、図12 さまざまな衛星、図13 ヘール・ボップすい星、図14 しし座流星群、図15 宇宙塵、図16 太陽系外縁天体、および本文「地球型惑星と木星型惑星」「太陽系の小天体」などが含まれる。)

地球

テストによく出る

● **地球型惑星**　水星，金星，地球，火星の4つの惑星を，地球型惑星という。大きさや質量にそれほど大きなちがいはなく，地表はいずれも岩石からできており，内部は岩石より重い金属でできていると考えられる。そのため，平均密度は大きい。

● **木星型惑星**　地球型惑星以外の木星，土星，天王星，海王星の4つの惑星を，木星型惑星という。木星型惑星は水素やヘリウムなど軽い物質でできていると考えられる。そのため，平均密度は地球型惑星よりかなり小さい。また，木星型惑星は，いずれも，厚い大気や氷におおわれ，氷や岩石の粒でできたリングをもっている。

解説　小惑星の衝突

2013年2月15日午前9時，ロシアのウラル地方で，多くの人々が，強い光をはなってけむりの尾を引く火球が大空を横切り，空中で爆発するのを目撃した。そして，その数秒後に激しい衝撃音を耳にした。いん石の落下である。このようすは，走行中の車に搭載されたドライブレコーダーによって記録され，インターネットを通じて世界中に配信された。

このいん石のもとは小惑星で，大気圏に突入する前の大きさは，NASAの推定によれば，直径17 m，質量1万トンであった。火星の公転軌道と木星の公転軌道の中間にある小惑星帯の小惑星が，木星の引力の影響を受けて軌道が変化したか，あるいは小惑星帯の小惑星どうしが衝突して生じた破片が，地球の公転軌道を横切る軌道に入ったのではないかと考えられている。

地球の長い歴史では，このような小惑星の衝突はめずらしいことではなく，たびたび起こっている。

世界各地で約6500万年前の中生代の地層からイリジウムが発見されているが，このイリジウムは地球ではできない物質のため，小惑星の衝突によってもたらされたと考える学説がある。

この学説によると，直径10 km，質量1兆トンの小惑星が，メキシコのユカタン半島付近に衝突したという。そして，この衝突によって上空にまい上がった砂じんが地球全体をおおって，太陽光をさえぎったため，地球が急激に寒冷化し，変温動物の恐竜は温度変化に耐えられずに絶滅したという。

解説 星までの距離の単位と明るさ

地球から恒星までの距離は非常に遠いので，mやkmで表すと桁数が大きくなり不便である。そこで，光が1年間に進む距離を単位とした「光年」を用いて表す。光の速さを30万km/sとして1光年を求めると，

$$300000×60×60×24×365≒9500000000000$$

となり，1光年＝9兆5000億kmである。

地球から見た星の明るさを「実視等級」という。しかし，それぞれの星までの距離がちがうので，本当の明るさを表していない。

光源の明るさが同じならば，明るさは光源からの距離の2乗に反比例する。つまり，同じ明るさをもつ星でも，距離が2倍になると，明るさは4分の1になり，距離が3倍になると明るさが9分の1になる。

そこで，星までの距離を考えないで，いろいろな星の明るさを比較できるように，「星が地球から10パーセク（約33光年）の距離にあったとしたら何等星に見えるか。」という基準で星の明るさを表そうというのが「絶対等級」である。

ある資料によれば，太陽，シリウス（おおいぬ座），デネブ（はくちょう座）の実視等級は，それぞれ，−27等級，−1.5等級，1.3等級であるが，絶対等級では，それぞれ，4.8等級，1.4等級，−7.4等級であり，太陽が決して明るい星でないことがわかる。

解説 星の等級

1〜6等星の6等級に分けられた星の明るさであるが，その後のくわしい研究により，1等星は6等星の100倍の明るさであり，同じ1等星でも明るさにちがいがあることがわかった。そして，等級が1つ進むと，明るさが約2.5倍になることもわかったのである。つまり，4等星は5等星の2.5倍の明るさに，3等星は5等星の6.3倍(2.5×2.5＝6.25 ⇒ 6.3)になる。

現在では，星の明るさの等級は小数で表し，1等星より明るい恒星は1以下の小数や負の数を用いて表すことになっている。全天でいちばん明るい恒星はおおいぬ座のシリウスで，−1.5等級である。満月は−12.7等級に相当する。

なお，小数以下を四捨五入して1になるのが1等星であるが，1等星より明るい星も1等星にふくめることが多く，1等星は全天で21個ある。

ガイド ① 思い出してみよう

❶ （例）はくちょう座，さそり座，オリオン座

❷ 明るい星から順に，1等星，2等星，3等星，…に分けて表した。

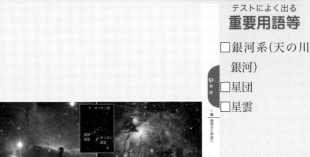

図23 銀河系の中の星団と星雲

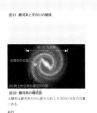

図21 銀河系と天の川の関係

図22 銀河系の模式図
太陽系は銀河系の中心部から約2万8000光年の位置にある。

銀河系　ガイド①

太陽系の外側には約2000億個の恒星が**銀河系**(天の川銀河)とよばれる大きな集団をつくっている。地球から見える恒星の大部分は、半径が約5万光年の銀河系の中にある。太陽系も銀河系の一員である。

銀河系は、横から見ると凸レンズ状、上から見るとうずまき状の形をしている(図22)。地球はこの円盤部の中にある。地球から見ると、銀河系は地球をとり巻く天の川として見える(図21)。

星団と星雲　ガイド②

銀河系には、星団とよばれる恒星の集団や、星雲とよばれる雲のようなガスの集まりもある(図23)。

誕生してまもない若い恒星の集まりを散開星団といい、プレアデス星団(昴)が有名である。また、銀河系をとり囲むように分布している10万〜100万個の恒星の集団を球状星団といい、オメガ星団などがある。星雲は、近くの明るい恒星の光を受けてかがやいて見えている。

〜 なるほど 〜

星はすばる　枕草子　二八三段

平安時代に清少納言の著した「枕草子」の一節に、「星はすばる。ひこぼし。ゆうづつ。よばひ星、すこしをかし。尾だになからましかば、まいて」というくだりがあることを理科的に現代語訳すると、「星はプレアデス星団、アルタイル、夕方に光る金星がよい。流星も少し趣がある。尾さなければ、もっとよいのだけれど」となる。

ガイド①　銀河系

　太陽系は，銀河系または天の川銀河とよばれる星の集団にふくまれている。夜空に見える星のほとんどはこの銀河系に属している。銀河系には，約2000個の恒星があり，その形は，上から見ると，直径が約10万光年のうずまき状の円盤形で，横から見ると，中心部が厚さ1.5万光年の凸レンズ状である。夜空に帯のように見える天の川は，銀河系をその中の太陽系の地球からながめたものである。

　銀河系の中心には，光もどんな物体も飛び出すことのできない大きな重力をもつ巨大なブラックホールがあると考えられている。太陽系は銀河系の中心から約2万8000光年のところにあり，銀河系自身の回転運動とともに，銀河系の中心のまわりを，秒速220kmで回転している。

　銀河系には，数十〜数百の恒星が集まった星団があり，星の集まり方によって，プレアデス星団のような散開星団，ヘルクレス座のM13星団のような球状星団に分かれる。ガスやちりなどが集まった星雲もある。星雲は，みずからは光を出さないが，近くの恒星の光を反射してかがやいて見える。また，その正体はよくわかっていないが，重要なはたらきをしているダークマター(暗黒物質)とよばれる物質で，星間は満たされていると考えられている。

ガイド②　星団と星雲

　近年，星団や星雲は，その見え方や構造によっていくつかに分類されるようになっている。ここでは，種類ごとに星団や星雲の特徴を紹介する。

〇星団

●球状星団

　10万〜100万個の恒星が球状に集まってできた星団。M13やオメガ星団が知られる。銀河系全体を球形に囲むように分布している。

●散開星団

　数百〜数千の恒星がまばらに集まってできた星団。プレアデス星団やプレセペ星団が知られる。銀河系の円盤部にあり，天の川の中に多く見られる。

〇星雲

●散光星雲

　ガスやちりからなり，近くの恒星の光を受けて，かがやいて見える星雲。かがやき方によって，反射星雲，輝線星雲などに，さらに分類される。

●暗黒星雲

　直接見ることはできないが，背後にある星々をかくすことでその存在がわかる星雲。

テストによく出る
重要用語等

□銀河

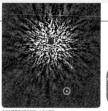

図24 銀河団

(a)こじし座にある銀河(約7250万光年)

(b)ソンブレロ銀河(約4600万光年)

(c)アンテナ銀河(約6300万光年)

図25 いろいろな銀河

銀河系の外の宇宙　ガイド①

銀河系の外側には，銀河系のような恒星の集まりがたくさんあり，これらは**銀河**とよばれる。宇宙には，銀河系と同じようなうずまき状のものや，だ円形のもの，不規則な形のものなど，さまざまな形の銀河がある（図25）。また，銀河は宇宙にまんべんなく分布しているのではなく，集団をつくっていることが多い。これを銀河団という（図24）。

ガイド②　**基本のチェック**

1. 太陽の表面に見られる黒点について説明しなさい。（→p.50）

2. 太陽と星座の星の共通点を「みずから」という語句を使って説明しなさい。また，これらの天体は何とよばれるか。（→p.51）

3. 地球の惑星「惑星」と「衛星」のちがいを，「公転」という語句を使って説明しなさい。（→p.53,56）

4. 惑星をつくる 太陽系で，地球型惑星の平均密度が大きい理由を，次の2つの用語を使って説明しなさい。「岩石」，「金属」（→p.56）

5. 星座までの距離 星座の星までの距離はどのような単位で表すか。また，その距離はどのようなものか。「光年」を書き出しとして説明しなさい。（→p.59）

62　　63

ガイド①　**銀河系の外の宇宙**

銀河系の外側の宇宙にも，銀河系のような恒星の集団が無数にあり，これらは銀河とよばれる。アンドロメダ座にあるアンドロメダ銀河は，地球から約230万光年の距離にあり，およそ1兆個の恒星からなるうずまき銀河である。銀河には，1000万個くらいの恒星からなるものもあれば，100兆個もの恒星からなるものもある。全宇宙には，約2000億個の銀河があると考えられている。

ガイド②　**基本のチェック**

1.　周囲に比べて温度が低いため。

2.　（例）どちらもみずから光をはなつ天体である。
　このような天体を恒星という。

3.　（例）惑星は，恒星のまわりを公転する。一方で，
　衛星は惑星のまわりを公転する。このように，ど
　のような天体をまわるかが異なる。

4.　（例）地球型惑星は，表面は岩石でできており，
　中心部は岩石より重い金属でできているから。

5.　光年
　（例）光が1年間に進む距離。

解説　**宇宙の果て**

この単元では，銀河系の外の宇宙にまで視野を広げて学んできた。それでは「宇宙の果て」はどこにあり，どのようになっているのか。

「宇宙の果て」というと，その先はもう宇宙ではないというような境目をイメージするかもしれないが，実はそうではない。どこまで遠くを見ることができるか，その限界が「宇宙の果て」だと考えられる。

例えば，120億光年先にある天体を見るとき，その天体は光がたどりつくのに120億年かかる距離にあるということなので，わたしたちは120億年前にはなたれた光，120億年前のその天体のすがたを見ることになる。

ところで，宇宙が生まれたのは138億年前のことと考えられている。そのため，138億光年よりも遠くに天体があったとしても，その光はまだ地球にとどかない。そもそも，138億光年より先に宇宙が広がっているのかどうか，確かめることもできないのである。そういう意味で「宇宙の果て」は138億光年離れたところと考えることができる。

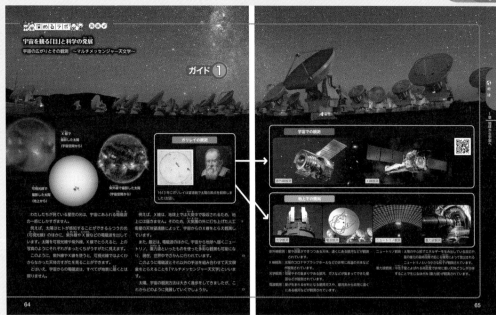

ガイド**1**　宇宙観測の歴史と現在

　天体の観察自体は，人類が文化をつくり出したときからあったとされている。古代では，暦の製作や占いが目的だったが，中世の終わりになると，ヨーロッパなどで，天体そのものあるいはその動きを調べようとする試みがはじまった。こうして，近代の天文学がかたちづくられていった。

◎ガリレオの観測

　1608年に望遠鏡が開発されると，肉眼では見られない天体の観察もできるようになる。そこで，1609年に自作の望遠鏡を使って天体の観測をはじめたのがガリレオだった。ガリレオは，望遠鏡で木星のまわりにある4つの衛星を見つけた。彼が見つけた衛星はガリレオ衛星ともよばれている。このほかにも，ガリレオは金星の満ち欠けや太陽の黒点（教科書p.64に当時の図がある）を発見した。

◎電波望遠鏡の登場

　ガリレオが用いていた望遠鏡は光の性質を使った光学望遠鏡だった。

　しかし，1932年に天の川からの電波がはじめて観測されたことがきっかけで，電波望遠鏡が宇宙観測に使われるようになると，状況は一変した。

　光学望遠鏡では可視光（目に見える光）しかみられなかった。これに対して電波望遠鏡は目では見ることのできない宇宙全体の観測ができるようになった。この電波望遠鏡によって，広く受け入れられるようになった考え方にビッグバンがある。

◎現在へ

　電波望遠鏡による宇宙観測がもたらした影響は非常に大きかったが，それでもなお，地球上からの宇宙観測では，大気の影響を受けて精度や範囲に限界があった。この状況を変えたのが，20世紀後半に登場した人工衛星である。人工衛星を使うことで，大気の影響を受けずに観測することができるようになった。

　さらに，これまでの光や電波を使う方法のほかにも，ニュートリノや重力波を利用する方法も発明された。このように，宇宙観測の方法は現在でも進歩し続けている。

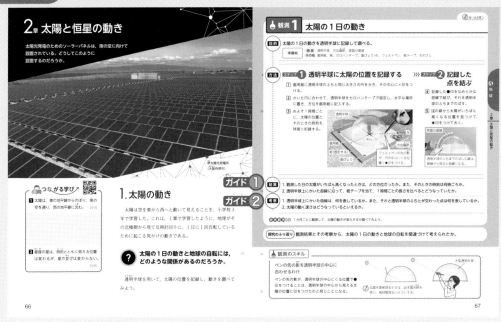

ガイド 1 結果

1. 太陽がいちばん高くなったときの方位は南で、それはおよそ 12 時ごろである。
2. 同じになった。

ガイド 2 考察

1. 太陽の通り道を表している。透明半球のふちと交わった点は、日の出と日の入りの位置を表している。
2. 太陽の動く速さは一定といえる。

解説 太陽の1日の動き

太陽は、天球上を東から南の空を通って西へと規則正しく動いている。下図で太陽の位置を a〜e とすると、a から b、b から c、c から d、d から e までの長さは等しい。

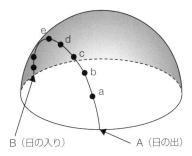

B（日の入り）　　A（日の出）

太陽が最も高くなる時刻（南中時刻）は、同じ場所でも季節によって多少ちがうが、東経 135° の地点（明石）では平均すると正午である。それより東の地域では太陽の南中時刻は早く、西の地域ではおそくなる。その時間差は経度 15° につき 1 時間である。

★日の出の時刻を求める方法

紙テープで a から b までの長さと、a から A までの長さをはかると、a から b までの時間は 1 時間であり、a から A までの時間は、その透明半球上の長さに比例するから、日の出の時刻は、

$$a の時刻 - \frac{a から A までの長さ}{a から b までの長さ} \times 1 時間$$

で示される。

★太陽の南中高度を求める方法

球面分度器がない場合は、下図のように、画用紙の中心の真上にある透明半球のもっとも高いところから、半球に沿っていちばん高い位置の⦿印まで紙テープを当て、そのまま画用紙にぶつかるまでのばす。⦿印から画用紙に接しているところまでの長さ（Y）と、真上から画用紙にぶつかっているところまでの長さ（X）を測定すると、南中高度＝Y÷X×90° から求めることができる。

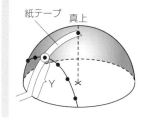

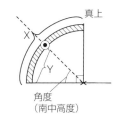

角度（南中高度）

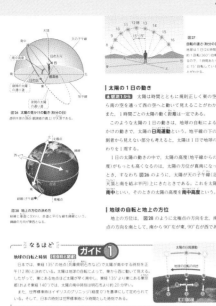

重要用語等

□日周運動

□南中

□南中高度

□天頂

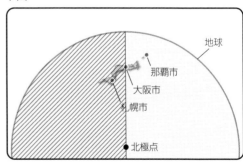

地球

ガイド 1 　地球の自転と時刻

　地球を東西にわける角度のことを，経度という。そして，太陽が南中する時刻は経度によって異なる。このちがいは，国や地域の間にある時差にも関係がある。

　日本では，東経 135° の地点(兵庫県明石市など)で太陽が南中する時刻を正午(12 時)と決めている。太陽の自転によって，地球から見た太陽は東から西に動く。そのため，東に行くほど太陽の南中も早くなる。およそ東経 140° のところにある東京は，太陽の南中時刻が明石より約 20 分早いが，それは経度が東に 5° ずれることで，下のような式から南中時刻の差を考えることができるからである。

$$24 \text{ 時間} \times \frac{5°}{360°} = \frac{1}{3} \text{ 時間}$$

$$\frac{1}{3} \text{ 時間} = 20 \text{ 分}$$

　なお，世界標準時はイギリスのグリニッジ(経度 0°)を基準にしている。東に 135° 進んだところにある日本は，イギリスに 9 時間たした時刻となるが，この 9 時間の時差は先ほどの式と同じようなやり方で求めることができる。

$$24 \text{ 時間} \times \frac{135°}{360°} = 9 \text{ 時間}$$

ガイド 2 　考えてみよう

❶ (例)夕日は見られない。
札幌市ではすでに太陽は沈んでいる。那覇市では大阪市におくれて太陽が沈み，そのときに夕日を見ることになる。

❷ 下図

（図：地球を北極点側から見た図。地球、那覇市、大阪市、札幌市、北極点）

❸ (例)地球が自転することで，太陽に対して観測者の位置が動く。それにより，東から先に夜の範囲に入ることになるため，ある地点で日が沈んだとき，その東側はすでに夜であり，西側では太陽を見ることができるというちがいが生まれる。

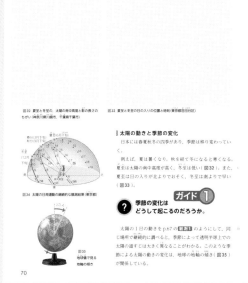

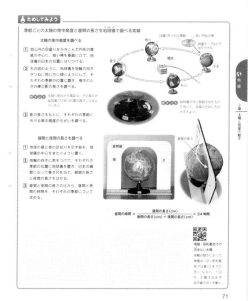

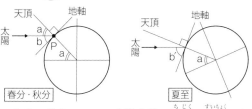

ガイド ①　太陽の高度変化と季節

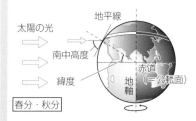

春分や秋分のとき，太陽光線は地軸と垂直になる。図で，Pを観測者の位置とすると，∠aは観測者のいる地点の緯度を表し，∠b＝90°−∠a はPにおけ

る太陽の南中高度を表す。

地軸を太陽側に傾けると，∠b の値が大きくなる。地軸の傾きは 23.4° であるから，夏至のときは，∠b＝90°−∠a＋23.4° になる。地軸を，太陽から遠ざかる方向に傾けると，∠b の値は小さくなる。冬至のときは，∠b＝90°−∠a−23.4° になる。

以上から，東京地方では，緯度を北緯 36° とすると，太陽の南中高度は，春分や秋分のときには 54°，夏至のときには 77.4°，冬至のときには 30.6° になる。この南中高度の差が季節を生み出している。

解説　地軸の傾きと太陽の南中高度

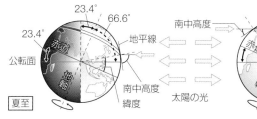

地球は，地軸を公転面に対して 23.4° 傾けたまま，自転しながら公転している。そのため，太陽の南中高度や昼夜の長さが変化し，季節が生じる。日本では，季節によって次のようになる。

◎**春分・秋分**
- 太陽の光は地軸に垂直に当たる。
- 太陽は真東から出て，真西に沈む。
- 昼と夜の長さはほぼ同じ。

◎**夏至**
- 地軸の北極側が太陽のほうへ傾く。
- 太陽は真東より北よりから出て，真西より北よりに沈む。
- 南中高度はもっとも高くなる。

- 昼の長さはもっとも長くなる。

◎**冬至**
- 地軸の北極側が太陽から遠ざかる方向に傾く。
- 太陽は真東より南よりから出て，真西より南よりに沈む。
- 南中高度はもっとも低くなる。
- 昼の長さはもっとも短くなる。

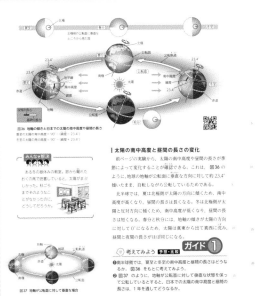

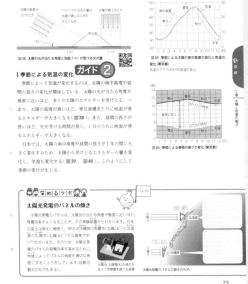

ガイド ① 考えてみよう

❶ 夏至の日には，地軸の北極側が太陽のほうに傾くので，南半球では，太陽の南中高度はもっとも低く，昼の長さはもっとも短くなる。

　冬至の日には，地軸の南極側が太陽のほうに傾くので，南半球では，太陽の南中高度はもっとも高く，昼の長さはもっとも長くなる。

❷ 太陽の光は地軸に垂直に当たるので，1年を通して太陽の南中高度は変わらない。また，昼と夜の長さは一年中同じである。

ガイド ② 季節による気温の変化

季節によって気温が変化するのは，太陽の南中高度や日照時間が関係する。

太陽の高度が高くなるほど，単位面積あたりに受ける太陽光の量は多くなる。

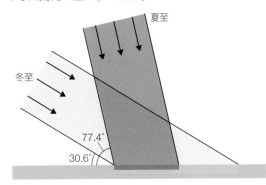

北緯 36° の東京地方では，太陽の南中高度は，冬至の日には 30.6°，夏至の日には 77.4° である。冬至の日の正午ごろと夏至の日の正午ごろに太陽の光が地面に当たる角度は図のようになり，地面の単位面積が受ける光の量を比較すると夏至のころは，冬至のころより 2 倍近い光の量を受けていることがわかる。

東京地方では，夏至の日の昼間の時間は 14 時間 35 分，冬至の日の昼間の時間は 9 時間 45 分であり，日照時間は 5 時間近くちがう。このような日照量のちがいも気温の変化を生んでいるのである。

太陽の南中高度や昼間の長さから考えると，月平均気温は 6 月または 7 月に最高を示しそうだが，教科書 p.73 図39 に見るように，最高を示しているのは 8 月である。これは次の理由による。

太陽の熱は，まず地面や海面をあたためる。次に，あたためられた地面や海面から放出された熱が空気をあたためる。そのため，気温が上昇するまでに時間がかかる。また，6〜7 月はつゆ(梅雨)の時期であり，日照時間が少ないことも原因である。そして，気圧配置などの気象条件なども複雑にからみ合ってくる。

また，月平均気温が最低になるのは，12 月ではなく 1 月になるのは，空気中の熱が大気圏外に逃げていくのに時間がかかるからである。

テストによく出る
重要用語等

□天球
□天の北極
□天の南極

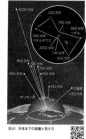

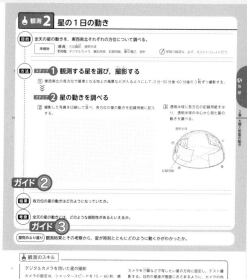

ガイド 1 天体の位置と天球

　太陽や星などの天体の動きを考えるとき, 地球を中心とした大きなドームである天球を考えて表すとわかりやすい。実際には地球からの距離が異なる天体も, 天球上にはりついているように見える。観測者は天球の中心にいて観測する。観測者の真上を天頂という。また, 地球の北極, 南極, 赤道を天球上に投影したものを天の北極, 天の南極, 天の赤道という。

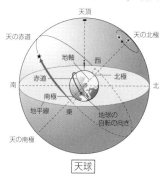

天球

ガイド 2 結果

(例)下図

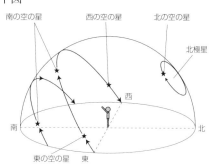

ガイド 3 考察

北の空…反時計回りに動く。
東の空…右上に上がっていく。
南の空…東から西へ動く。
西の空…右下に沈んでいく。

北の空
(反時計回り)

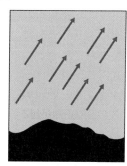
東の空
(右上に上がっていく)

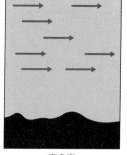
南の空
(東から西へ)

西の空
(右下に沈んでいく)

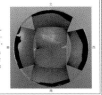

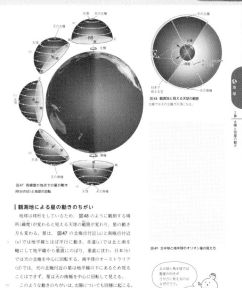

地球

ガイド 1 **星の日周運動**

星座の星の1日の動き（星の日周運動）

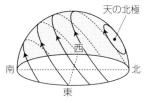

星の1日の動き

　星は，星座の形を変えずに，時間とともに動いている。北の空の星は，天の北極を中心として，1時間に約15°の速さで反時計回りに回転し，東の空に見えた星は，時間とともに南の空にのぼり，西の地平線に沈む。

星の日周運動が起こる理由

　地球は，地軸を軸として1日に1回，西から東へ自転しているため，天球上のすべての天体が，1日に1回，地球の自転とは逆に，東から西に向かって回転して見える。

ガイド 2 **観測地による天体の動きのちがい**

　星の1日の動きは，太陽の1日の動きと同じく地球が自転していることによって見られる日周運動である。地球は球形をしているため，観測地の緯度によって天体の高度が変わる。このため，太陽の動きについて次のようになる。

　秋分の日には，太陽は地球上どこでも真東からのぼって真西に沈む。観測地によっては，図Ａのように，太陽の方角，高度が異なって見える。

北極…高度はほぼ0°で，地平線すれすれを通る。

北半球…真東から出た太陽は，南の空を通って真西に沈む。

赤道…真東から出た太陽は，天頂を通って真西に沈む。

南半球…真東から出た太陽は，北の空を通って真西に沈む。

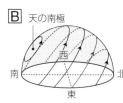

解説 南半球での天体の動き

　教科書p.77図47(d)のオーストラリアの半球に注目して地球を自転させると，東の空から出た太陽は北の空を通って西に沈むことがわかる（図Bの赤線）。

　オーストラリアでも，日の出の方位は東である。地球が西から東に自転しているので，世界中どこでも日の出は東，日の入りは西である。

　上図Ａで正午ごろの太陽の向きを考えると，日本では南の空にあるが，オーストラリアでは北の空にある。同じように，日本で南の空に見えるオリオン座は，オーストラリアでは北の空に見える。

ガイド❶　ためしてみよう

　毎年同じ季節に同じ星座が見られる。このことは，天球上の星座も1年周期で動いていることを示している。つまり，季節ごとに見える星座も変わることを意味している。このような星座の移り変わりについて，星座早見を使って次のように確認することができる。

① 時刻の目盛りと月日の目盛りを図のように合わせる。

② 0時のオリオン座の位置は9月には東の空，12月には南の空，3月には西の空にある。

③ 6月には，オリオン座は星座早見のかくれた部分にある。つまり，オリオン座は太陽がのぼっている昼の空に出ているため，見ることができない。

ガイド❷　話し合ってみよう

　「地球の動き」について，これまで学習した内容から何が挙げられるか，整理しておきたい。

　地球は太陽のまわりを公転しており，季節によって地球，太陽，星座の位置関係が変わる。このことが，季節によって見える星座が変わることと関わりがあると考えられる。

ガイド❸　考えてみよう

❶　3月…ペガスス座の方向
　　6月…オリオン座の方向
　　9月…しし座の方向
　　12月…さそり座の方向

❷　3月…しし座
　　6月…さそり座
　　9月…ペガスス座
　　12月…オリオン座

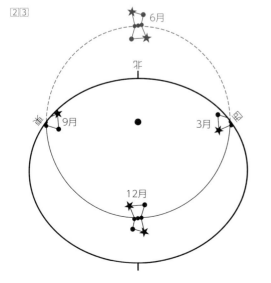

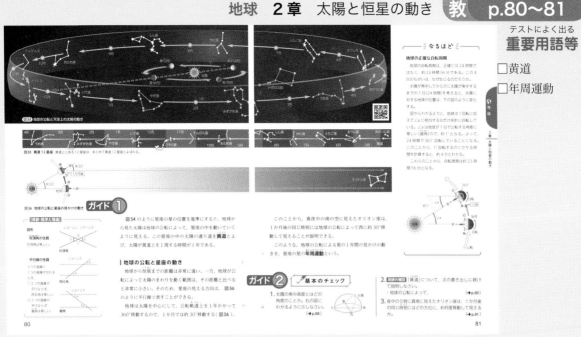

ガイド① 算数・数学と関連

　地球，太陽，星座の動きを考える上で，対頂角の性質(対頂角は等しい)や平行線の性質はよく用いられる。例えば，「星座は1か月に西に約30°動く」ことを学んだが，なぜそうなるのか，平行線の性質のうち，同位角が等しくなることを利用すれば説明ができる。

　ある星座Aの動きについて下図を使って考えてみよう。この星座は1月には南の方向に見ることができる。

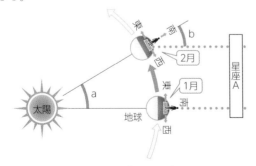

　2月になると，地球が約30°公転する。このとき，太陽から見て地球が動いた角を∠aとする。また，地球から星座Aに向かって新たに引いた直線と，太陽と地球を通る直線の間の角を∠bとする。このとき，地球と星座Aを結ぶ直線が2本できる(1月・2月それぞれ)が，この2本は平行である。よって，∠aと∠bは同位角にあたり，平行線の性質からこの2つは角度が等しい。すなわち，∠bの角度も約

30°となる。このとき，地球に注目して考えると，星座Aの方向は，南から西へと∠bの角度(約30°)だけ動いたことになる。よって，「星座は1か月に西に約30°動く」のである。

ガイド② 基本のチェック

1. 下図

2. （例）(地球の公転によって，)地球から見た太陽は，星座の中を動いているように見える。この星座の中の太陽の通り道が黄道である。

3. 西に，約30°移動して見える。

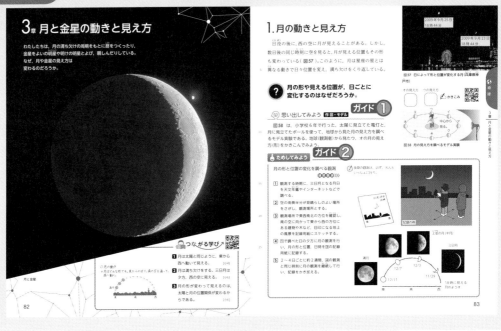

ガイド 1 思い出してみよう

ガイド 2 ためしてみよう

ガイド 1 思い出してみよう

月(ボール)は太陽(電灯)の光を反射してかがやいているので,光の当たっている部分を地球(観測者)から見ることができる。

ウの見え方…光を受けている右側が見える(半月)。

オの見え方…地球(観測者)を向いている面にすべて光が当たっているので丸く見える(満月)。

オの見え方

ウの見え方

ガイド 2 ためしてみよう

夕方の同じ時刻に観察すると,月の形は三日月から半月,満月へと変化し,位置は西から東へと移動する。

記録(例)

● 形の変化…西に見えるときは三日月だったが,4日ほどたつと半月(上弦の月)になり,12日ほどたつと,東の空で満月へと変わる。

記録用紙

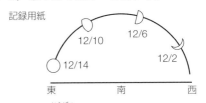

● 位置の変化…日没直後に三日月が見える位置は,西の空である。それが日を追うごとに月の位置が南の空を通って東の空に見えるようになる。

このように,月の形の動きは規則的に変化している。

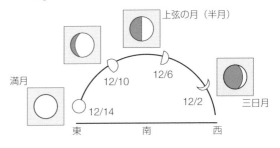

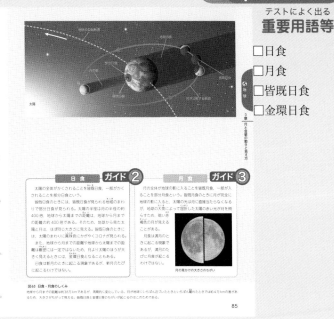

テストによく出る
重要用語等

- □日食
- □月食
- □皆既日食
- □金環日食

ガイド 1　月の公転と満ち欠け

月の見え方が規則的に変化するのは、月が地球のまわりを公転するため、右図のように、太陽・月・地球の位置関係が変化するからである。また、月の公転により、毎日同じ時刻

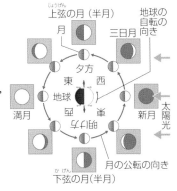

に見える月の位置も、西から東へ1日に約12°移動する。図の月の形は、地上から見た形だが、地球の自転により1日のうちに位置と傾きが変わる。

ガイド 2　日食の起こるしくみ

下図のように、太陽・月・地球の順に一直線上に並んだとき、太陽の全体または一部が月にかくれて見えなくなる。この現象を日食という。

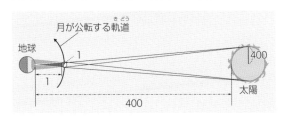

- **皆既日食**…太陽が完全に見えなくなる日食を皆既日食という。皆既日食は、地球上のどこかで1年に最低2回起こっている。
- **部分日食**…太陽の一部がかくれる日食を部分日食という。
- **金環日食**…月が太陽をおおいきれず、太陽が丸い輪のように見える日食。

ガイド 3　月食の起こるしくみ

月の全部または一部が、地球の影に入って見えなくなる現象を月食という。そのときの位置関係は、右図のとおりで、太陽・地球・月が一直線に並んでいる。

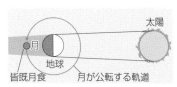

解説 月の自転と公転

月の自転周期は27.32日で、月が地球のまわりを回る公転周期と完全に一致している。そのため地球上から月の裏側を直接観測することはできない。

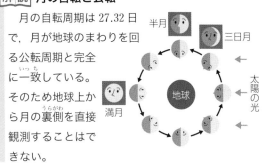

49

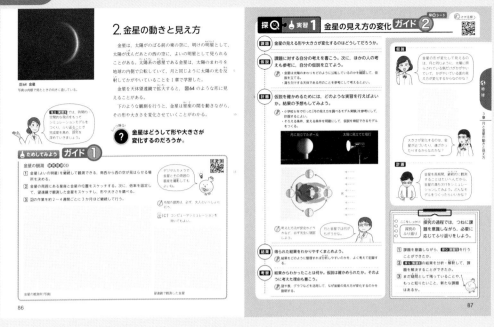

ガイド 1 ためしてみよう

金星を観測する前に，今見られる金星が，よいの明星か，明けの明星か，太陽に近すぎて見られないかをあらかじめ確認する必要がある。なぜなら，よいの明星であれば西，明けの明星であれば東に出るように，金星の動き方によって見られる方角が変わるからである。

今見られる金星がどれか確認できたら，観測の準備をしよう。ここでは，よいの明星を観測する方法を説明する。

よいの明星は西に出るので，南西から西の空が見はらせる場所を決めてから観測する。金星を見つけることができたら，次は記録である。金星のまわりに見られる星座と金星の位置の両方をスケッチする。また，倍率を固定した上で，望遠鏡で観測した金星をスケッチし，形や大きさを記録する。特に大きさに変化があるかどうかを見る上で，望遠鏡の倍率が固定されていたかどうかは重要なポイントとなるので注意が必要である。この観測の作業を，約2〜4週間ごとに，3か月ほど続けて行う。

夜間における観測は，必ず大人といっしょに行い，安全に注意する。また，最近ではインターネットやコンピュータシミュレーションで，金星の位置について情報が得やすくなっている。こうしたものを使ってみるのも1つの方法である。

ガイド 2 実習

地球から見ると，金星は星座の中を移動しながら，形や大きさが変化している。金星の見える形や大きさの変化はどうして起こるのか，この課題について自分たちでモデル実験を組み立てて，考えてみよう。

実験をする前に，そこで確かめる仮説を立てておく必要がある。どうして金星の見える形や大きさが変わるのか，自分なりの考えをまとめる。見える形が変わるという点で，月の見え方の変化を参考にすることもできるだろう。

仮説が立てられたら，実験の計画を立てる。そろえる条件と変える条件を明確にするとともに，ここでは金星が太陽のまわりを公転することに注意しておきたい。

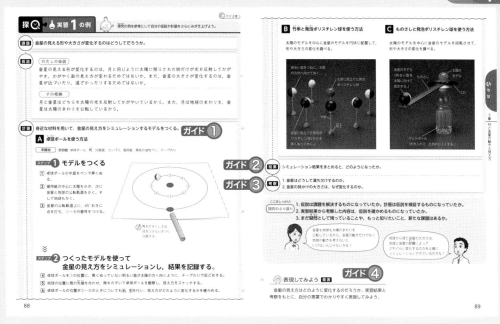

地球

ガイド1 計画

　今回の仮説は，太陽と金星の位置関係（金星の照らされた面とその向き），地球と金星の位置関係にそれぞれ着目している。そのため，実験で使うモデルも，太陽，金星，地球それぞれの位置や軌道を再現したものとなっている。さらに，金星も太陽のまわりを公転することをふまえてのシミュレーションも考えられている。

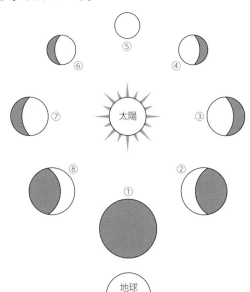

ガイド2 結果

1.　金星が動くとともに，太陽に照らされた面の方向が変わり，見える金星の形が満ち欠けした。
2.　途中，金星が地球から遠ざかったり，近づいたりしたことで，金星が小さく見えたり，大きく見えたりした。

ガイド3 考察

1.　金星に満ち欠けが見られるのは，太陽に照らされた面が光を反射してかがやくときに，その面の見え方が金星の位置によって変わるからだと考えられる。
2.　金星の見かけの大きさに変化があるのは，金星が太陽のまわりを公転するときに，地球から遠ざかったり，近づいたりして，距離に変化があるからだと考えられる。

ガイド4 表現してみよう

　金星の見え方の変化を伝えるとき，「このスケッチに見られるように，金星の形に満ち欠けが見られます。このことから，金星が公転するときに太陽に照らされた面が…」のように，結果を具体的に示すことで，根拠をわかりやすく伝えることが大切である。

ガイド①　満ち欠けしてかがやく金星

- **金星が満ち欠けする理由**…金星は，みずから光を出さず，太陽の光を反射してかがやく。太陽と金星，地球の位置関係によって，地球から見える金星のかがやく面の見え方が変わるからである。

- **金星の見える時間と方位**…夕方の西の空と明け方の東の空でしか見えない。金星は，地球より太陽に近いところを公転しているため，地球から見た金星は太陽から大きく離れることはないからである。また，金星は，地球から見て太陽と反対の方向に来ることはないので，真夜中には見えない。

- **金星の大きさの変化**…金星は，大きさも変化して見える。金星の見かけの大きさの変化は，地球から金星までの距離の変化によって起こる。

- **金星の位置と見え方**…下図の A，B，C のときは，日の出前，東の空に明るくかがやくので，明けの明星とよばれる。

D，E，F のときには，夕方，西の空にかがやくので，よいの明星とよばれる。A → B → C と地球からの距離が遠くなるので，金星はだんだん小さく見える。D → E → F と地球に近づいてくるので，だんだん大きく見える。

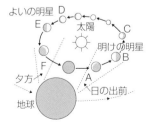

ガイド②　複雑な惑星の動き

太陽系には，地球以外に 7 つの惑星がある。これらの惑星は太陽と同じように星座の間を動くように見えるが，その動きは太陽のように規則正しいものではない。このような複雑な惑星の動きは，地球の公転周期が 1 年であるのに対し，惑星の公転周期が異なることから生じる。例えば，火星の公転周期は 1.881 年である。

ガイド③　基本のチェック

1. (例)月が地球のまわりを公転しているため，太陽に対して地球と月の位置関係が変わるから。

2. 日食：地球，月，太陽(太陽，月，地球)
   日食では，地球と太陽の間に月が入り，地球から見て太陽が月にかくれる。
   月食：月，地球，太陽(太陽，地球，月)
   月食では，月が地球の影に入っている。

3. ①カ，キ，ク　②エ
   ①地球の自転の向きから，夜明け前に金星が太陽よりも先に東の空にのぼる位置関係である。イウエは，夕方の西の空に見える。
   ②「もっとも大きく欠けた形に見える」ことから，金星が地球に近い位置にあるとわかる。ただし，金星がオの位置にあるときは，太陽に照らされた側が地球に向いていないので，地球からは見えない。

1 日本のある地点で，天体望遠鏡を用いて太陽の表面のようすを観察した。次の問いに答えなさい。

手順1 図1のように，望遠鏡の接眼レンズ側に器具Xをとりつけた。

手順2 器具Xに直径10.9cmの円をかいた記録用紙を固定し，観察を行った。

記録用紙
図1
X

手順3 記録用紙に映った太陽の像は，記録用紙の円からずれ動くので，ときどき望遠鏡の位置を調整した。

【解答・解説】──────

(1) 目をいためるから。

太陽はとても明るい天体であるため，肉眼やファインダー，望遠鏡で直接太陽を見ると目をいためる危険がある。

(2) 太陽投影板

太陽を天体望遠鏡で観察するときは，直接のぞくのではなく，必ず太陽投影板を取り付けるようにする。

天体望遠鏡で太陽を観察するときには，太陽の像と記録用紙に書いた円の大きさが合うように接眼レンズとの距離を調節し，ピントを合わせてから観察をはじめる。

(3) 黒点

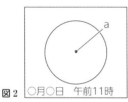
a
図2　○月○日　午前11時

太陽の表面には，上の図の黒点とよばれる暗く見える部分aがある。太陽の表面温度が約6000℃であるのに対し，黒点の部分は約4000℃とやや温度が低くなっている。この黒点は，観察を続けると，太陽の自転により位置や形が変化していく。

(4) 3倍

記録用紙に書いた円が，太陽を表している。記録用紙に書いた円の大きさは，10.9cm＝109mmであり，地球の直径は太陽の$\frac{1}{109}$倍であるため，記録用紙上で直径1mmの円が地球を表している。ここで，aの直径は，3mmであるため，aは地球の3倍の大きさであ

ることがわかる。太陽の実際の大きさは直径約140万kmであり，とても巨大な恒星である。

(5) （例）地球の自転により，太陽が動いて見えるから。

地球は自転をしているため，地上にいる観測者が太陽を長い間観察していると，太陽が地上に対して東から西へ動いているように見える。これが，太陽の像が記録用紙の円からずれ動く原因である。

(6) ウ

黒点の位置がずれ動いて見えるのは，太陽の内部に軸があると考えたとき，軸を中心に自転をしているからである。黒点が，約27～30日で1周して見えることから，太陽も同じ周期で自転しているとわかる。

また，黒点の観察を続けると，数や大きさが変化することがわかる。円の中央部で円形に見える黒点が，周辺部へ移動すると横に縮んで押しつぶされたような形になる事から太陽は球形であることがわかる。さらに，黒点の移動する速さが，円の中央部では速く，周辺部に移動するにつれて遅くなることからも，太陽が球形であることがわかる。

──────────────

2 太陽系の惑星について，いくつかのデータをまとめた下表を見て，次の問いに答えなさい。

	公転周期〔年〕	自転周期〔日〕	赤道半径	質量	平均密度〔g/cm³〕
水星	0.24	58.65	0.38	0.06	5.43
金星	0.62	243.02	0.95	0.82	5.24
地球	1.00	1.00	1.00	1.00	5.51
火星	1.88	1.03	0.53	0.11	3.93
木星	11.86	0.41	11.21	317.83	1.33
土星	29.46	0.44	9.45	95.16	0.69
天王星	84.02	0.72	4.01	14.54	1.27
海王星	164.77	0.67	3.88	17.15	1.64

※赤道半径と質量は，地球を1としたときの値。

【解答・解説】──────

(1) 土星

水の密度よりも，惑星の平均密度が小さいと惑星は水に浮く。太陽系の惑星の中で土星の平均密度だけが0.69g/cm³であり，水の1.00g/cm³より小さいので，水に浮くことがわかる。

(2) ウ

表の赤道半径と，平均密度を見ると，水星，金星，地球，火星は，赤道半径が小さく平均密度が

大きいのに対し，木星，土星，天王星，海王星は，赤道半径が大きく，平均密度が小さい。よって，ウのようなグラフになる。

(3) 水素，ヘリウム

太陽に近い，水星，金星，地球，火星のグループを，地球型惑星，それ以外の木星，土星，天王星，海王星を木星型惑星と呼ぶ。地球型惑星は，表面が岩石でできており，中心部は金属でできているため平均密度が大きい。一方，木星型惑星は，大部分が水素やヘリウムのような軽い物質でできているため平均密度が小さい。また，木星型惑星には氷や岩石の粒でできたリングがある。

(4) 名称…すい星

尾の向き…太陽と反対向き

すい星は，太陽のまわりを細長いだ円軌道で公転しており，氷や小さな岩石の粒などのちりが集まってできた天体である。太陽に近づくと，温度が上がって氷がとけ，ガスやちりを放出し，それが太陽と反対の方向に尾をなびかせているように見える。

(5) 太陽系外縁天体

海王星より外側にある天体を，太陽系外縁天体と呼び，冥王星やエリスなどはこの中でも比較的大きな天体である。現在，半径数十 km のものから 1200 km のものまで，1800 個以上の太陽系外縁天体が発見されている。

(6) 銀河系

太陽系の外側には，約 2000 億個の恒星が銀河系と呼ばれる大きな集団をつくっていて，太陽を中心とした太陽系も，この銀河系の集団に属している。銀河系の大きさは約 10 万光年で，太陽は銀河系の中心部から約 2 万 8000 光年離れた外縁部にある。地球から銀河系の中心を見ると天の川として見える。

3 西日本のある地点で，午前 9 時から午後 3 時まで 1 時間おきに，図 1 のように太陽の位置を透明半球に記録した。その後で，図 2 のように太陽の位置および，P，Q を紙テープに写しとった。

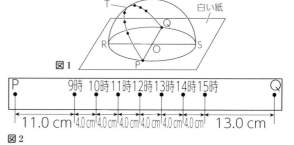

図1

図2

【解答・解説】

(1) P…東

Q…西

日本などの北半球では，太陽は東から昇り，南を通って西に沈む。よって，P が東，Q が西と考えられる。

(2) ア

図 1 から，太陽が真東と真西を通っているためこの観測を行なったのは春分の日だとわかる。

春分・秋分の日は，地軸の傾きが太陽の方向に対して 0° になるため，太陽が真東からのぼり真西に沈む。よって，昼の天球上の太陽の軌道と夜の天球上の太陽の軌道の長さは等しくなり，昼間と夜間の時間の長さがほぼ同じになる。夏至は，太陽の南中高度が高く，日の入りが北よりで遅い。また，冬至は，南中高度が低く，日の入りが南よりで早い。

(3) 日の出…6 時 15 分

日の入り…18 時 15 分

太陽は等間隔に，1 時間で 4 cm の速さで動く。P から 9 時の位置までは 11.0 cm あるため，太陽が P 地点から 9 時の位置に動くまでに 11.0 cm÷4.0 cm＝2.75 時間かかっている。また，15 時の位置から Q までは 13 cm あるため，太陽が 15 時の位置から Q に動くまでに 13.0 cm÷4.0 cm＝3.25 時間かかっている。よって，9 時から 2 時間 45 分前の 6 時 15 分に日はのぼり，15 時から 3 時間 15 分後の 18 時 15 分に日は沈む。

(4) ∠ROT（または，∠TOR）

太陽が，天頂と南を結ぶ半円である天の子午線上に来たときを太陽の南中とよび，この時の太陽

の高度を南中高度という。南の位置と観測者と南中にある太陽を結ぶ角度が南中高度となる。

(5) 北緯35°

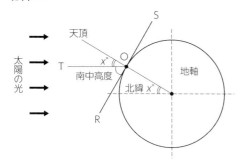

上の図のように，春分・秋分の日では，南中高度＝90°－その地点の緯度　という式が成り立つ。北緯を $x°$ とすると，

$55°＝90°－x°$　　　$x°＝35°$

となる。よって，この地点の高度は北緯35°である。

(6) ①那覇市
②札幌市

大阪より，那覇市は緯度が低く，札幌市は緯度が高い。春分・秋分の日の南中高度は，90°－その地点の緯度　で求めることができるため，緯度が低いほど南中高度は大きく，緯度が高いほど南中高度は小さくなる。

---

④約半年にわたって太陽の動きの観測を行ったしんやさんが，わかったことや調べたことをまりこさんに話している。下の2人の会話文を読んで，次の問いに答えなさい。

まりこ： いつからいつまで観測を行ったの。

しんや： 6月22日から12月22日までだよ。夏至から冬至までの期間だね。

まりこ： どんなことを調べたの。

しんや： 夏至と冬至，秋分の3日は，透明半球を使って太陽の動きを記録したよ。それ以外の日は4日おきに日の出の位置を記録したんだ。 A のころは日の出がとても早いので，起きるのがたいへんだったよ。

まりこ： ほかに調べたこともあるんだよね。

しんや： 日本以外の場所の太陽の動きにも興味をもったから調べたよ。同じ北半球でも，北極点では太陽がとてもおもしろい動き方をすることがあるんだ。

まりこ： 実際に行って見てみたいね。

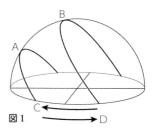

【解答・解説】

(1) 夏至

夏至は，一年で最も昼間が長く，日の出が早くて日の入りが遅い。逆に，冬至は一年で最も昼間が短く，日の出が遅くて日の入りが早い。

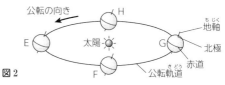

図1

(2) イ

夏至は，太陽の南中高度が高く，日の入りが北よりである。また，冬至は，南中高度が低く，日の入りが南よりである。また，この観測は夏至から冬至までの期間のものであるため，日の出の位置は，北よりから南よりに移動する。

	夏至	冬至	矢印の向き
ア	A	B	C
イ	B	A	C
ウ	A	B	D
エ	B	A	D

(3) 透明半球の図…ア
図2…E

公転の向き
H
E　太陽　G　地軸／北極
F　公転軌道／赤道
図2

夏至のとき，北極点では一日中太陽が沈まない白夜という現象が起きる。このとき，太陽は透明半球上を地面と平行にぐるりと1周するように動く。また，夏至の日，地球の北極側が太陽の方向に傾く。

(4) ①真南に向けるとよい。

② （例）角度は大きくして，太陽光線と垂直になるようにするとよい。

太陽は，東から上り，南を通って西に沈む。よって真南を向けたときが一番発電効率がよい。また，冬至の日，太陽の南中高度は一年で一番小さくなり，太陽は低い位置を通る。よって，発電パネルと床面の角度を大きくし，太陽光線が垂直に当たるように設置すると発電効率がよくなる。

地球

55

⑤下図は，電球を太陽，地球儀を地球と見立て，四季によく見える星座の移り変わりと地球の公転の関係を模式的に表したモデルである。

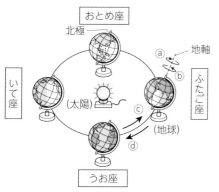

【解答・解説】────────

(1) **自転の向き…ⓑ**
   公転の向き…ⓒ

　地球は，地軸を中心に1時間に約15度，24時間で1回転する速さで，北極側から見て反時計回りに回転している。また，地球は，自転をしながら，北極側から見て反時計回りに太陽のまわりを1年で1周している。地球が自転で1周するのにかかる時間を自転周期，公転で1周するのにかかる時間を公転周期とよび，これらは1日や1年を決めるもとになっている。

(2) **うお座**

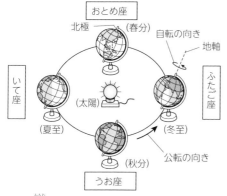

　地軸の傾きから，図のおとめ座の側にある地球が春分の地球の位置であるとわかる。この時太陽と同じ方向にうお座があるため，昼間の空に星座が見えたと仮定すると，太陽の近くにうお座が見える。

(3) **星座名…いて座**
   方位…西の空

　地軸の傾きから，図のいて座の側にある地球が夏至の地球の位置である。太陽の反対側にいて座

があるため，夏至の真夜中の南の空にはいて座が見える。また，図のうお座の側にある地球が秋分の地球の位置である。真夜中のこの位置からうお座は南の空に見えるため，いて座は西の空に見えることがわかる。

(4) **北極星**

　北極星は，地軸の延長線上にあるため，ほとんど動かない特別な星である。星は北極星を中心に円をえがいて動くように見える。

(5) **ア…西**
   イ…東
   ウ…12
   エ…30

　地球は，真夜中の方位を基準に西から東へと公転する。また，星座は地球から非常に遠いところにあるため，地球の公転によって太陽のまわりを動く範囲はこれに比べ非常に小さいので，星座の見える方向は平行線で表すことができる。地球が太陽のまわりを西から東へ動くため，星座は東から西へ動いているように見える。地球は太陽のまわりを1年(12か月)で1周するように公転しているため，1か月では，360°÷12か月＝約30°移動することがわかる。

────────────

⑥ゆりえさんの月についてのレポートの一部を見て，次の問いに答えなさい。

観測 三日月の日からはじめて，4日ごとに4回，同じ時刻に月を観測した。

結果 図1は観測の記録で，図2は北極側から見た地球と月の位置関係を模式的に示したもの。

その他 地球，月，太陽の位置によって，日食や月食が起こることがある。

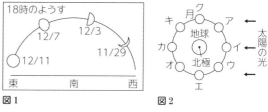

【解答・解説】────────

(1) **よばれ方…上弦の月**
   位置…ク

　月は，太陽の光を反射して，太陽の方向にある半分だけかがやいている。また，月は地球のまわりを公転しているため，太陽，月，地球の位置関

係が変わるとともに，月のかがやいている部分の見え方が変化する。（月の公転と満ち欠けについては教科書 p.84 の図 59 参照）

⑵　右図

満月から次の満月までは，約 29.5 日かかるため，59 日後は 2 周回ってまた 12/11 と同じ満月を見ることができる。

⑶　日食…イ
　月食…カ

　月が太陽に重なり，太陽がかくされる現象を日食，月が地球の影に入る現象を月食という。太陽，月，地球が一直線上に並ぶときに日食や月食が起きる。また，太陽全体，月全体がかくれることを皆既日食，皆既月食とよび，一部だけの時は部分日食，部分月食と呼ぶ。地球から見た月と太陽の見かけの大きさはほぼ同じなので，皆既日食は一部の地域だけで見られ，その周囲の地域では部分日食が見られる。

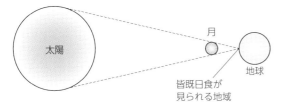

⑦図 1 は，日本である日の夕方に見えた金星の位置と形を示したもので，図 2 は地球を静止させた状態で，公転する金星のようすを示した模式図である。

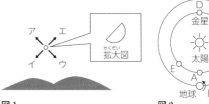

図1　　　　　　　　　図2

【解答・解説】────
⑴　動く向き…ウ
　位置…E

　金星は太陽がのぼる前の東の空に，明けの明星として，太陽が沈んだあとの西の空によいの明星として見られることがある。地球よりも内側で公転している金星は，月と同様に太陽の光を反射してかがやいている。

　図 1 で金星は右側半分だけ光っていることから，E の位置に金星があるとわかる。（地球から見た金星の位置や形や大きさについては p.90 の図 66 参照）また，右側半分が光っている時，光っている側を下に沈んでいく。そのため，ウの方向に進む。

⑵　小さくなる。

　金星は，地球から遠いほど丸くて小さく暗く見える。逆に近いほど細長くて大きく明るく見える。

────

⑧ 思考力UP ゆうじさんとしずかさんは，プラネタリウムでの校外学習を終えて話をした。下の 2 人の会話文を読んで，次の問いに答えなさい。

ゆうじ：短い時間で各方位の星の動き方や星座の 1 年の動き方がわかったり，日本以外で観測した場合の天体の動き方も実感できたりして，楽しかったし，勉強になったよ。

しずか：わたしは今までは，星占いに関係する星座ぐらいしか興味はなかったけれど，比較的地球に近い天体についてのおもしろい情報も解説してくれたから，宇宙のことをだんだんおもしろく感じてきたよ。

ゆうじ：太陽は 1 年をかけて特定の星座の間を動いていくように見えるんだったね。ところで，どんな情報がおもしろかったの。

しずか：夜空で □A 色の火星が明るくかがやいているのを実際に見ていたから，火星と地球の大接近の情報かな。

ゆうじ：火星はすでに探査機から地表の映像も送られているから，ずいぶん身近な天体という印象だよね。

しずか：それから，日本の二度目の □B の探査についてかな。□B の名前が「リュウグウ」なので，ロマンチックな感じでいいよね。

ゆうじ：なるほど。観測技術や探査機の性能が向上すれば，新しいことがまだまだ見つかりそうだね。

【解答・解説】────────────

(1)　**ア**

　　星は，北の空にある北極星を中心に反時計回り
で円をえがくように動く。よって，アの方向に動
いているように見える。

(2)　**ウ**

　　地球は太陽を中心にして，公転軌道上を1年か
かって360°移動するので，星座は1か月で東か
ら西へ約30°移動する。

　　よって2か月前の同じ時刻に見えたオリオン座
の位置は，東へ60°移動させたウの場所である。

(3)　**(例)赤道上では，太陽は南中したときに真上に**
　　くるので，影はほとんどできない。

　　秋分の日は地軸が太陽に対して平行になる。よ
って，太陽が南中したとき，赤道上にいる人は太
陽からの光を真上から受けるため，影はできない。

(4)　**名称…黄道**
　　理由…地球から見て，さそり座は太陽と同じ方向
　　にあるから。

図3

　　星座の星の位置を基準にすると，地球から見た
太陽は，地球の公転によって星座の中を動いてい
くように見える。この星座の中の太陽の通り道を
黄道と呼ぶ。太陽が黄道上を1周する時間が1年
である。

　　また，図3を見ると，12月ごろの地球から見
てさそり座は太陽と同じ方向にあるため，さそり
座は昼間の空にある。よって夜が来る前にさそり
座は西の地平線に沈んでしまうため，12月の夜
の空でさそり座を見ることはできない。

(5)　**A…赤**
　　B…小惑星

　　火星は，表面の大部分が赤っぽい土や岩でおお
われているため，夜空で赤色にかがやく。

　　また，2010年，小惑星「イトカワ」から宇宙
塵を持ち帰った探査機「はやぶさ」につづき，
2014年に小惑星「リュウグウ」に向けて探査機

「はやぶさ2」が打ち上げられた。小惑星とは，
主に火星と木星の間にある無数の小天体のことで
あり，多くは岩石でできていて，不規則な形をし
ており軌道もさまざまである。これらの天体はほ
とんど表面に変化が見られないので初期の太陽系
に関する情報を多く持つ可能性が高いとして注目
されている。また，地球の公転軌道近くを通る小
惑星は，いん石となって地球に落下する可能性が
ある。

(6)　**①地球型惑星**

　　太陽に近い水星，金星，地球，火星を地球型
惑星，それ以外の木星，土星，天王星，海王星
を木星型惑星と呼ぶ。

②　**地球と火星の公転周期がちがうから。**

　　地球の公転周期は365
日，火星の公転周期は
687日である。このよう
に公転周期が異なるため，
火星と地球の距離が接近
するのは，地球が火星に
追いついて並んだときだ
から，約2年2か月周期
である。

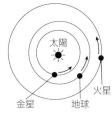

図4

③　**真夜中に，火星は見えることがあるが，金星**
　　は見えない。

　　火星は地球より太陽から遠い位置で公転をし
ているが，金星は地球よりも太陽に近い位置を
公転している。そのため，金星は地球から見て
太陽と反対方向に位置することはなく，真夜中
の空に見ることができない。また，地球から見
た金星は太陽から大きく離れることはないため，
夕方の西の空か，明け方の東の空だけで，見る
ことができる。

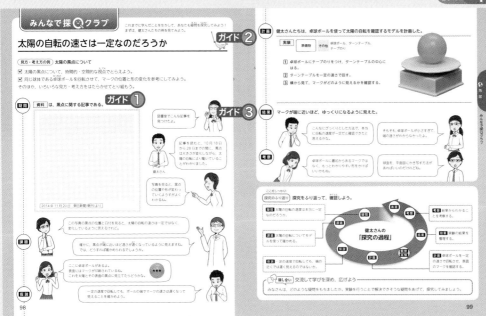

ガイド①　疑問

　身のまわりの自然現象や日常生活の中から疑問点を見つけようとする姿勢が大切である。

　今回は，図書館で見つけた黒点の大きさの変化と太陽の自転についての記事が日常生活の例として挙げられている。生徒の一人はこの記事を見て写真の黒点の位置と日付に注目し，太陽の自転の速さが一定ではなく変化しているように見えることを疑問に感じている。

ガイド②　計画

　仮説を確かめるための観察・実験を計画する。

　今回は表面にマークのある卓球ボールを用いてモデルを作り，太陽の自転のようすを考える。ここで卓球ボールは太陽，表面にあるマークは黒点の代わりをしている。

● 準備物
　卓球ボール，ターンテーブル，テープのり

● 手順
　①卓球ボールにテープのりをつけ，ターンテーブルの中心にはる。これは卓球ボールを回転させるためである。
　②ターンテーブルを一定の速さで回し太陽の自転モデルをつくる。
　③横から見て，マークがどのように見えるか観察し記録する。

ガイド③　結果

　実験の結果，卓球ボールは一定の速さで動いているのにも関わらず，マークが端に近ければ近いほどゆっくり動いているように見えた。

　これは太陽やボールが球の形をしているために起こる現象である。

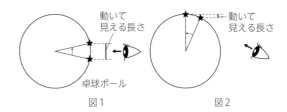

動いて見える長さ／動いて見える長さ／卓球ボール　図1　図2

　まず，図1のように目の正面付近にマークがあるときマークは視線に対してほぼ垂直横方向に進む。しかし図2のようにマークが移動をして端に近づくと，マークは目から見てほぼ前後の方向に進む。マークが動く速さは図1も図2も同じだが，私たちの目には視線に対して垂直方向の動きのみが見えるため，見かけの速さはちがったものになる。そのため，端に近いほどゆっくりとした動きをしているように感じてしまう。

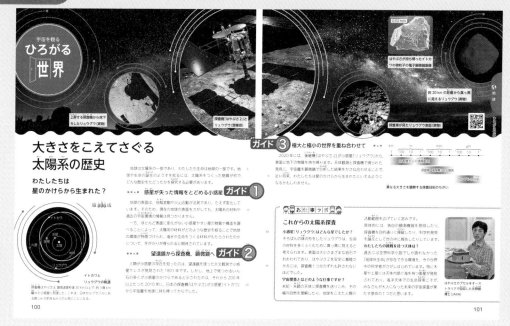

ガイド① 惑星が失った情報をとどめる小惑星

　小惑星とは主に火星と木星の間にある無数の小天体のことであり，多くは岩石でできている。この火星と木星の間の小惑星がたくさん存在している場所を小惑星帯と呼ぶ。

　地球の表面は，地殻変動や火山活動が活発であり絶えず変化しているため地球の表面を探しても太陽系の材料や過去の宇宙環境の情報は見つけることができない。一方小惑星やすい星はほとんど表面に変化がないので初期の太陽系に関する情報を多く持っている可能性が高いとされる。よってこれらの物質や構造を調べることで太陽系の誕生についての歴史や，どのように地球が特徴づけられ地球の海水や生命を作る材料がもたらされたのか明らかにすることができる。

ガイド② 望遠鏡から探査機，顕微鏡へ

　1801 年に望遠鏡を使って天文観測で発見されたケレスは直径 950 km 程もある大きな小惑星であった。小惑星の中でもとりわけ大きいケレス，パラス，ジュノー，ベスタの四つの小惑星をまとめて四大小惑星と呼んでいる。

　2003 年に打ち上げられた日本の探査機「はやぶさ」は，2005 年に小惑星「イトカワ」に到達し，2010 年に 60 億 km の旅を経て小惑星「イトカワ」から宇宙塵を地球に持ち帰った。これにより太陽系に関する様々な研究が進み，地上で見つかるいん石の多くが小惑星のかけらであることが明らかになった。

　この小惑星「イトカワ」は直径 500 m 程の小さな小惑星である。探査機はやぶさが「イトカワ」に到着するように調節するのは日本からブラジルにある数 cm の的を狙うのと同じほど困難なことである。

ガイド③ 極大と極小の世界を重ね合わせて

　後継機「はやぶさ 2」は 2014 年種子島宇宙センターから打ち上げられ，2020 年末に小惑星「リュウグウ」から表面と地下の物質を持ち帰り地球に帰還する予定である。この「はやぶさ 2」が目指す，小惑星「リュウグウ」は岩石質な「イトカワ」とは異なり，表面の岩石の中に有機物を多くふくむとされる「C 型小惑星」である。この「C 型小惑星」は「イトカワ」よりもさらに太陽系初期のことを知る手がかりを多く持っていると考えられているのだ。「はやぶさ 2」の探査によって太陽系に関する研究がさらに発展すると期待されている。

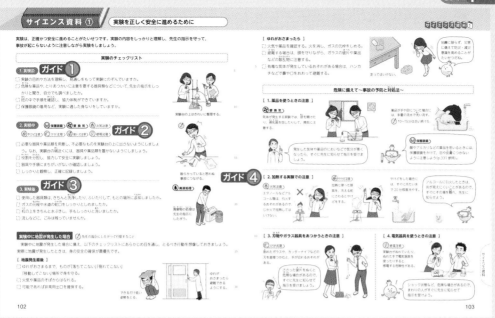

ガイド 1 　実験前

□実験の前に目的や方法をしっかり確認することで，必要器具をそろえ，スムーズに落ち着いて作業を進めることができる。

□危険な薬品やとりあつかいに注意が必要な器具があれば，先生の指示を聞ききちんと理解してから実験を行う。

□班で実験を行う際には事前に班のみんなで実験の方法，手順を確認し役割分担などを決めておく。

□実験の日には，安全に実験を行うために動きやすく薬品などが直接体にふれない服装，そでやすそが器具に引っかからない服装を心がける。また，薬品を使用する際には薬品が目に入らないように保護眼鏡を着用する。

ガイド 2 　実験中

□実験中は，机の上に必要な器具や薬品だけを置き，不必要なものは置かないようにする。また，机の端は，器具や薬品が落ちやすいので，置かないようにする。

□実験前に決めた班での役割分担を，各自が責任持って行い，実験に集中し，協力して成果を得られるようにする。

□器具や手順にまちがいがあるとけがや事故につながりかねない。実験中も正しい器具の使い方や手順を確認し，安全に作業を進められるようにする。

□実験の様子は，後からふり返り考察することができるように記録用紙を用いてくわしく記録する。観察は丁寧に行う。

ガイド 3 　実験後

□使用した器具や薬品は先生の指示にしたがって正しく洗浄し返却する。廃液の中には自然環境に影響を与えるものもあるため，処理の仕方をきちんと確認しとりあつかいには十分気をつける。

□ガスの元栓や水道の蛇口は閉め忘れがないようチェックをする。

□机や手に薬品が残っていると危険なので水拭きや手洗いはきちんと行う。

□流しなどにゴミを残すことがないよう処理を忘れないようにする。

ガイド 4 　加熱する実験での注意点

エタノールなどのアルコール類を加熱する際は引火のおそれがあるため，直火で加熱するのではなく必ず湯浴を用いる。もしアルコールに引火したときは，炎が見えにくいことがあるのですぐにその場を離れて先生に伝えるようにする。万が一火傷をしてしまった場合にはすぐに冷水でしばらく冷やすようにする。

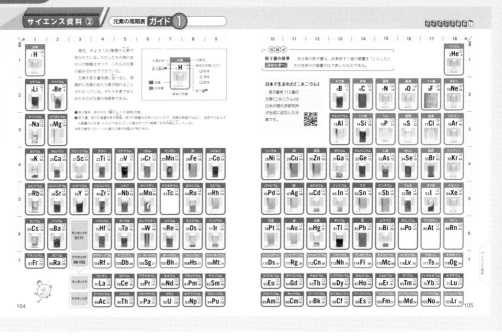

ガイド ❶　元素の周期表

　元素とは物質を構成する原子の種類を意味し，およそ120種類の元素が知られている。また元素を表すための記号を元素記号という。私たちの身の回りにあるものはすべてさまざまな元素の組み合わせによって構成されている。

　周期表とは，原子番号の順に元素を並べたものであり，性質が似た元素同士が縦に並ぶように配列されている。これは1869年にメンデレーエフによって考案された。原子番号が大きくなるにしたがって陽子の数が1つずつ増えそれとともに原子量(原子の質量を表す数値)も大きくなる。

　周期表の横の行を周期とよび，これは第1周期から第7周期まである。また周期表の縦の列を族といい，これは1族から18族まである。

〈主な元素とその特徴〉

● 1 **水素**　H
　一番軽い元素。ロケットを飛ばす燃料としても使われる。水は水素と酸素からできている。

● 2 **ヘリウム**　He
　空気より軽く，火を近づけても燃えない。飛行船のガスとして使われる。

● 6 **炭素**　C
　ダイヤモンドや鉛筆の芯になる同素体を形成する。

● 7 **窒素**　N
　空気の78%は窒素である。食品の酸化防止や農作物の肥料にも使われる。

● 8 **酸素**　O
　生物が呼吸をする際に必要な元素。水にもふくまれる。

● 11 **ナトリウム**　Na
　ナトリウムと塩素が結びつくとNaCl(塩化ナトリウム)になる。

● 12 **マグネシウム**　Mg
　とても軽い合金を作る。飛行機や自転車などに使われる。

● 13 **アルミニウム**　Al
　軽くてさびにくい。1円玉やアルミホイル，窓わくに使われる。

● 16 **硫黄**　S
　ゴムの弾性を大きくし，強くするのに使われる。硫化水素になると腐卵臭がする。

● 17 **塩素**　Cl
　漂白剤や消毒剤に使われる。

● 19 **カリウム**　K
　肥料やハンドソープに使われる。

● 20 **カルシウム**　Ca
　石灰質で，生物の骨をつくる。

● 26 **鉄**　Fe
　建築，刃物などに使われる。血液中にある酸素を運ぶヘモグロビンにもふくまれる。

● 29 **銅**　Cu
　銅貨，銅線，楽器などに使われる。

化学変化とイオン

ガイド 1　学びの見通し

　小学校では，6年のときに「水溶液の性質」について学習している。また，中学校では，1年で「身のまわりの物質」，2年で「電流とその利用」と「化学変化と原子・分子」について学習している。

　この単元では，水溶液の電気的な性質，酸とアルカリ，イオンへのなりやすさについての観察・実験などを行い，水溶液の性質，中和や電池のしくみについて学習する。それらをイオンのモデルと関連づけて理解すること，それらの観察・実験などに関する技能を身につけること，そして観察・実験からわかったことについて理解するための思考力・判断力・表現力等を身につけることが目標である。また，ここであつかう事象は理科室の中だけで起こっているものではなく，日常生活や社会の中で見られることである。物質や化学変化について，これまで学んだことと関連づけながら，身のまわりの物質に関する内容を学習していくことが重要である。

　第1章では，水溶液とイオンについて，さまざまな水溶液に電流を流す実験やうすい塩酸を電気分解する実験を通して学習する。ここでは，とけている物質には電解質と非電解質があることや，陽極と陰極でそれぞれ決まった物質ができることなどを学習し，イオンの存在やその生成が原子の成り立ちに関係することを理解するのが目標である。

　第2章では，電池とイオンについて，金属のイオンへのなりやすさを比べる実験や，実際に電池(ダニエル電池)を製作する実験を通して学習する。ここでは，化学変化において電子の受けわたしが行われていることや，金属の種類によってイオンへのなりやすさが異なること，電池によって化学エネルギーが電気エネルギーに変換されていることを理解するのが目標である。

　第3章では，酸・アルカリと塩について，その性質を学ぶ。また，酸とアルカリを混ぜたときの反応を確かめる実験などによって中和について学習する。ここでは，酸とアルカリそれぞれに共通する性質を見いださせるとともに，その性質が水素イオンと水酸化物イオンによることや，中和によって水と塩が生成することを理解することが目標である。

　また，観察・実験においては，保護眼鏡を着用する，実験で用いる薬品を適切にとりあつかうなど，先生の話をよく聞いて安全に行う必要がある。

　この単元では，実験方法をみんなで話し合ったり，実験結果をレポートにまとめて発表したりするなど，理科における探究の進め方についても学習していく。

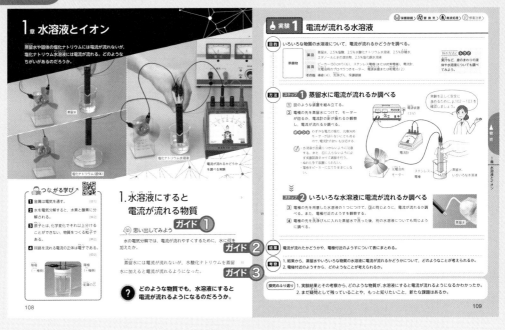

ガイド 1　思い出してみよう

　中学校2年では，物質の成り立ちについて学習した。水の電気分解では，電流を通しやすくするために，蒸留水に水酸化ナトリウムを加えた。また，以下のような原子の性質について学んだ。

【原子の性質】

① 原子は，化学変化でそれ以上分けることができない。

② 原子は，化学変化で新しくできたり，種類が変わったり，なくなったりしない。

③ 原子は，種類によって，その質量や大きさが決まっている。

ガイド 2　結果

調べた液体	電流が流れたか	電極付近のようす
蒸留水	通さなかった	変化しなかった
塩酸	通した	電極付近から気体が発生した
水酸化ナトリウム水溶液	通した	電極付近から気体が発生した
砂糖水	通さなかった	変化しなかった
エタノールと水の混合物	通さなかった	変化しなかった
塩化銅水溶液	通した	一方の電極の色が変わり，もう一方から気体が発生した

ガイド 3　考察

1. 蒸留水や砂糖水は電流が流れなかった。塩酸や水酸化ナトリウム水溶液では電流が流れた。このことから，水溶液には電流が流れるものと流れないものがあると考えられる。

2. 電流が流れる水溶液では電極付近で気体が発生したり，電極の色が変わったりしている。このことから，電流が流れることと，電極付近の変化とは関係があると考えられる。

テストによく出る！

- **電解質**　水にとけると電流が流れる物質。塩化ナトリウム（水溶液は食塩水），塩化銅，水酸化ナトリウム，塩化水素（水溶液は塩酸）などがある。
- **非電解質**　水にとけても電流が流れない物質。砂糖（水溶液は砂糖水），エタノールなど。

解説　電解質と非電解質

水溶液そのものは電解質・非電解質とはよばない。

水にとけている物質，すなわち溶質を電解質・非電解質とよぶのである。

また，水にとけない物質は，電解質でも非電解質でもない。

テストによく出る！

- **陽極・陰極**　電気分解のとき，電源装置や電池の＋極と接続した電極を陽極といい，−極と接続した電極を陰極という。

ガイド 1　話し合ってみよう

電極付近で気体が発生したり，電極に物質が付着し，電極の色が変わったりした。

ガイド 2　思い出してみよう

塩化銅水溶液を電気分解したとき，化学変化は次のようになる。

塩化銅　　銅　塩素
$$CuCl_2 \longrightarrow Cu + Cl_2$$

塩化銅水溶液を電気分解すると，陽極付近から塩素が発生し，陰極には，銅が付着して，電極が赤色に変色した。

ガイド 3　塩化銅水溶液の電気分解

陽極は電源装置の＋極につながっているから，ここに引きつけられた塩素は−の電気を帯びていると考えられる。

陰極は電源装置の−極につながっているから，ここに引きつけられて付着した銅は，＋の電気を帯びていると考えられる。

物質

65

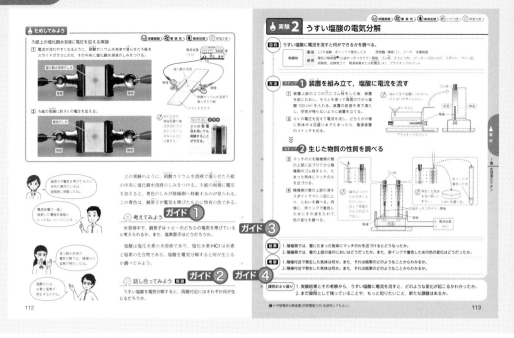

ガイド 1 考えてみよう

　硝酸カリウム水溶液で湿らせたろ紙の中央に塩化銅水溶液のしみをつけて，両端に電極をつけて電圧を加えると，青色のしみが陰極側に移動した。

　青色のしみの動きが電気を帯びた銅原子の移動であれば，しみが陰極側に移動したことから，銅原子は＋の電気を帯びていると考えられる。反対に，塩素は，－の電気を帯びていると考えられる。

ガイド 2 話し合ってみよう

　塩酸は，塩化水素(HCl)の水溶液である。電気分解すると，次の化学反応式により，水素と塩素ができると考えられる。

　　塩化水素　　水素　塩素
　　$2HCl \longrightarrow H_2 + Cl_2$

　また，これらのことから，塩酸を電気分解すると，電極付近には塩素と水素が生じると考えられる。

ガイド 3 結果(例)

1. マッチの火を近づけると，ポッと音を立てて燃えた。
2. 鼻をつきさすような，プールの消毒液のようなにおいがした。また赤インクで着色した水の色が消えた。

ガイド 4 考察

1. 陰極付近で発生した気体は水素である。
　　マッチの火を近づけたとき，ポッと音を立てて燃えたから。
2. 陽極付近で発生した気体は塩素である。
　　特有のにおい(刺激臭)がし，漂白作用があったから。

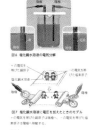

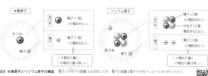

テストによく出る
重要用語等

□原子核
□電子
□陽子
□中性子
□同位体

（教科書紙面 p.114～115 の縮刷）

テストによく出る

塩酸の電気分解

化学反応式

$$2HCl \longrightarrow H_2 + Cl_2$$

陽極から塩素，陰極から水素が発生する。

塩化銅水溶液の電気分解

化学反応式

$$CuCl_2 \longrightarrow Cu + Cl_2$$

陽極から塩素が発生，陰極には銅が付着する。

ふつうの状態では，陽子の数と電子の数は等しいので，全体として，1個の原子は，＋の電気と－の電気がたがいに打ち消し合い，電気的に中性である。

電子は，原子核の外側にあり，その数と並び方は，原子の種類によって決まっている。

例えば，炭素の原子は，電子の数が6個で，下の図のように並んでいる（原子核の中は省略）。

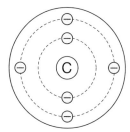

炭素原子の構造（模式図）

ガイド 1　原子の構造

原子は，＋の電気をもった原子核と，－の電気をもった電子からできている。

原子核は，さらに＋の電気をもった陽子と，電気をもたない中性子からできている。陽子1個の＋の電気と電子1個の－の電気の量は等しい。

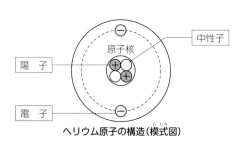

ヘリウム原子の構造（模式図）

中性子
陽子
電子
原子核

ガイド 2　考えてみよう

電気的に中性な原子が電子を得ると，電子は－の電気をもっているので，原子は全体として－の電気を帯びることになる。

また，原子が電子を失うと，－の電気が減るので，原子は全体として＋の電気を帯びることになる。

テストによく出る
重要用語等

□イオン
□陽イオン
□陰イオン

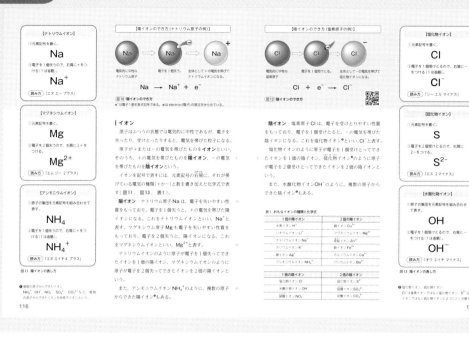

テストによく出る🔍

- **原子核** 原子をつくる＋の電気をもった粒子。
- **電子** 原子をつくる－の電気をもった粒子。
- **陽子** 原子核をつくる＋の電気をもった粒子。
- **中性子** 原子核をつくる電気をもたない粒子。
- **同位体** 同じ元素で，中性子の数が異なる関係にある原子。
- **イオン** 原子が＋または－の電気を帯びた粒子。
- **陽イオン** 原子が電子を失うことによってできる＋の電気を帯びた粒子
- **陰イオン** 原子が電子を受けとることによってできる－の電気を帯びた粒子

◎主な陽イオン

水素イオン	H^+	銀イオン	Ag^+
リチウムイオン	Li^+	アンモニウムイオン	NH_4^+
ナトリウムイオン	Na^+	銅イオン	Cu^{2+}
カリウムイオン	K^+	マグネシウムイオン	Mg^{2+}
亜鉛イオン	Zn^{2+}	鉄イオン	Fe^{2+}
カルシウムイオン	Ca^{2+}	バリウムイオン	Ba^{2+}

◎主な陰イオン

塩化物イオン	Cl^-	硫化物イオン	S^{2-}
水酸化物イオン	OH^{-2}	硫酸イオン	SO_4^{2-}
硝酸イオン	NO_3^-	炭酸イオン	CO_3^{2-}

解説 電子とイオン

原子は陽子と電子の数が等しく，全体として電気的に中性であるが，原子の中には，電子を失いやすい性質をもったものと，電子を受けとりやすい性質をもったものがある。

例えば，ナトリウム原子(Na)は，電子が11個で，外側の1個を失いやすい性質をもっている。このため，電子を1個失うと，全体として＋の電気を帯びた陽イオンとなる。これをナトリウムイオンといい，Na^+と表す。

塩素原子(Cl)は，電子が17個で，外側に1個電子を受けとりやすい性質をもっている。電子を1個受けとると，全体として－の電気を帯びた陰イオンとなる。これを塩化物イオンといい，Cl^-と表す。

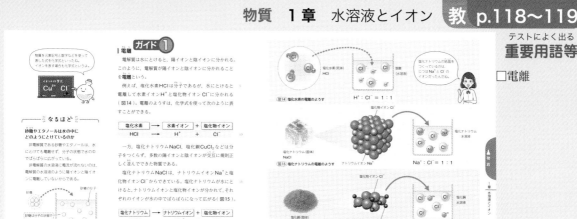

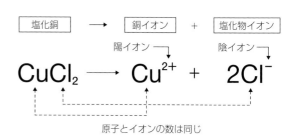

塩化銅の化学式は，$CuCl_2$ であるから，原子の数は銅(Cu) 1 個，塩素(Cl) 2 個である。

銅イオンは 2 価の陽イオン(電子を 2 個失ったイオン)であるから，Cu の右肩に 2＋と書く。塩化物イオンは，1 価の陰イオンであるが，左辺の塩素原子は 2 個あるから，塩化物イオン(Cl^-)が 2 個あるという意味で，$2Cl^-$ と書く。$Cl_2{}^-$ や Cl^{-2} と書いてはいけない。

解説 ファラデーとアレニウス

1791 年にイギリスで生まれた科学者ファラデーは，電子の受けわたしをするイオンの概念を唱え，電解質の水溶液に電流を通したときだけ，原子がイオンになると考えた。

1859 年にスウェーデンで生まれた科学者アレニウスは，電解質は，電流を通さなくても，水にとかしたときにイオンになると考え，イオンどうしのはたらきが，水溶液に電流が流れる原因であるという論文を発表して，ノーベル化学賞を受賞した。

ガイド 1 電離

電解質が水にとけると，陽イオンと陰イオンに分かれる。これを電離という。

電離のようすは，次のように表す。

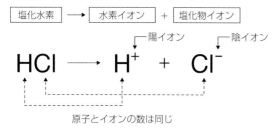

電解質の分子を左辺に書き，右辺には陽イオンと陰イオンを書く。

このとき，左辺と右辺の原子とイオンの数が同じであることに注意する。

これらはいずれも 1 価のイオン(電子を 1 個受けとった，あるいは 1 個失ったイオン)である。

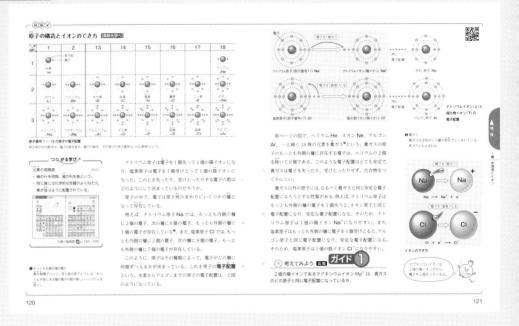

解説 電子配置

　電子は原子核のまわりを高速で回っていると考えられている。電子はある特定の軌道を回るときに、安定した状態を保つ。この軌道を電子殻といい、原子核に近い順に、K殻、L殻、M殻、…と名づけられている。

　各電子殻に入ることのできる電子の数には限度があり、K殻には2個まで、L殻には8個まで、M殻には18個まで入ることができる。また、電子は原則として、内側の電子殻から入っていく。例えば、原子番号1番の水素原子は電子を1個もつが、その電子は必ずK殻に入る。K殻が空で、L殻やM殻に入るということはない。原子番号8番の酸素原子は8個の電子をもっており、K殻に2個、L殻に6個の電子が入る。原子番号16番の硫黄原子は16個の電子をもっており、K殻に2個、L殻に8個、M殻に6個の電子が入っている。このように原子の種類によって、どの電子殻に何個の電子が入るかは決まっている。これを電子配置という。

　いちばん外側の電子殻に入っている電子を最外殻電子という。この最外殻電子が化学変化では重要な役割を果たす。元素の周期表の同じ縦の列の原子は似た化学的性質を示すが、これは、1族の原子の最外殻電子の数は1個、2族の原子の最外殻電子の数は2個、17族の原子の最外殻電子の数は7個などのように、それぞれの族ごとに最外殻電子の数が同じだからである。

　18族の貴ガス元素では、第1周期のヘリウムはK殻が満員なので化学的に安定している。最外殻の電子の数が8個の電子配置をもつ原子も、化学的に安定している。第2周期以降の18族元素はいずれも最外殻電子は8個である。

　貴ガス以外の原子には、なるべく貴ガスと同じ安定な電子配置になろうとする性質がある。例えば、1族元素のナトリウムは、1個の最外殻電子をもつが、その電子を放出するとネオンと同じ電子配置になり、安定な構造になる。そして、ナトリウム原子は電子を1個失うと、原子全体としては＋の電気を帯びた、1価の陽イオン Na^+ になる。2族元素のベリリウムは、2個の最外殻電子をもつが、その2個を放出してヘリウムと同じ電子配置をもつ2価の陽イオン Be^{2+} になりやすい。また、17族元素のフッ素は、最外殻電子が7個なので、他から電子1個を受けとって、ネオンと同じ電子配置をもつ1価の陰イオン F^- になりやすい。

ガイド 1 考えてみよう

　電子が12個あるマグネシウム Mg の原子が2個の電子を失っている（2価の陽イオン）ので、電子が10個になる。よって、ネオン Ne の原子と同じ電子配置になっている。

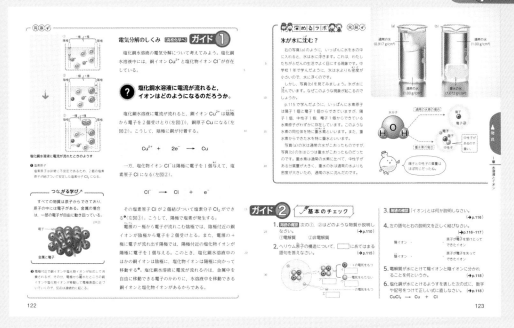

ガイド 1　電気分解のしくみ

　中学校2年では、少量の水酸化ナトリウムをとかすことで水の電気分解を行った。ここでは、水酸化ナトリウム水溶液の電気分解について考えてみよう。

　水酸化ナトリウム NaOH は水溶液中で次のように電離している。

　　NaOH ⟶ Na$^+$ + OH$^-$

また、水もごくわずかであるが、次のように電離している。

　　H$_2$O ⟶ H$^+$ + OH$^-$

　この水溶液に電流を流すと、陽イオンの Na$^+$ と H$^+$ は陰極へ、OH$^-$ は陽極へと移動する。

　陽極では、OH$^-$ が電子をうばわれる反応が起こる。

　　OH$^-$ ⟶ OH + e$^-$

OH は不安定なので、他の OH と結びついて H$_2$O と O になる。

　　2OH ⟶ H$_2$O + O

この O も不安定で、他の O と結びつく。

　　2O ⟶ O$_2$

以上のことをまとめると、陽極で起こる反応は、

　　4OH$^-$ ⟶ 2H$_2$O + O$_2$ + 4e$^-$

　一方、陰極では Na$^+$ と H$^+$ が移動してくるが、Na$^+$ は H$^+$ よりイオンの状態のほうが安定なので Na とはならず、H$^+$ は電子を得て H になる。

　　H$^+$ + e$^-$ ⟶ H

　H は不安定なので、他の H と結びつく。

　　2H ⟶ H$_2$

水はごくわずかしか電離していないが、この反応で水溶液中の H$^+$ が減少すると、ただちに電離して新たに H$^+$ が生じ、反応が続く。したがって、陰極での反応は、陽極での反応に係数を合わせると、

　　4H$^+$ + 4e$^-$ ⟶ 2H$_2$

　陽極と陰極の反応を見ると、結果的には水溶液中の水酸化ナトリウムとは関係なく、水だけが分解される。また、酸素1分子に対し、水素が2分子発生していることから、発生する気体の水素と気体の酸素の体積比は2:1になる。

ガイド 2　基本のチェック

1. ①(例)水にとけると水溶液に電流が流れる物質。
   ②(例)水にとけても水溶液に電流が流れない物質。
2. ア　原子核　　　　イ　陽子
   ウ　中性子　　　　エ　電子
3. (例)原子が+または-の電気を帯びた粒子。
4. 陽イオン：原子が電子を失ってできたイオン
   陰イオン：原子が電子を受けとってできたイオン
5. 電離
6. CuCl$_2$ ⟶ Cu^{2+} + 2Cl$^-$

71

ガイド① つながる学び

1 水溶液には，金属を変化させるものがある。また，水溶液によってとかすことのできる金属は異なる。例えば，うすい塩酸が亜鉛と鉄の両方の金属をとかすことができるのに対し，水酸化ナトリウムは，亜鉛のみがとけ，鉄をとかすことはできない。

2 うすい塩酸に亜鉛などの金属を入れると，金属がとけて，水素が発生する。この化学反応式は次のように表すことができる。

$$2HCl + Zn \longrightarrow H_2 + ZnCl_2$$

解説 金属樹

教科書 p.125 図 17 にあるように，硝酸銀水溶液に銅線を入れてしばらく放置すると，銀色の金属光沢をもつ結晶が樹木の枝のように成長する（銀樹）。このように，ある金属の表面に別の金属が樹木の枝のように成長したものを金属樹という。金属樹には，銀樹のほか，銅樹，鉛樹，スズ樹などがある。

一方で，教科書 p.125 図 18 にあるように，硝酸銅水溶液に銀線を入れても反応は起こらない。これは，水溶液中にイオンとして存在している金属と，水溶液に入れる単体としての金属との組み合わせにより，金属樹ができるかどうかが変わるからである。

ガイド② 考えてみよう

硝酸銀水溶液に銅線を入れたときの化学変化について考えよう。まず，硝酸銀水溶液がだんだんと青色へと変化したことから，銅線から硝酸銀水溶液中に銅イオン Cu^{2+} がとけだしたと考えられる。次に，銅線のまわりに銀色の結晶が現われたことから，硝酸銀水溶液中の銀イオン Ag^+ が銅線のまわりで銀原子に変化し固体になって出てきたと考えられる。

よって，硝酸銀水溶液と銅の反応のモデルは以下のようになる。ここでは，銅原子が一個銅イオンに変化すると，銀イオン 2 個が銅原子 2 個へと変化する。硝酸銀水溶液が失った電子の数と新しく受けとる電子の数が同じになる必要がある。

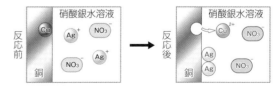

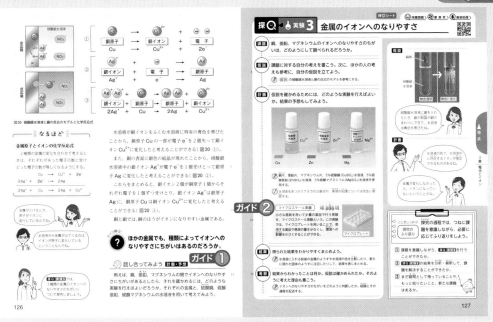

物質

ガイド 1 話し合ってみよう

　教科書 p.125 で学習したように，硝酸銀水溶液に銅線を入れると銀が現れるが，硝酸銅水溶液に銀線を入れても，反応は起こらなかった。このことから，金属の種類によってイオンへのなりやすさは異なると考えられる。よって，銅，亜鉛，マグネシウムの間でもイオンへのなりやすさにはちがいがあると推測できる。

　各金属のイオンへのなりやすさを調べるためには，銅と銀におけるイオンへのなりやすさを調べた方法を同様に利用できる。つまり，一方の金属のイオンがとけている水溶液中に，もう一方の金属(単体)を入れたときにどのような反応が起こるのかを調べればよい。例えば，硫酸銅水溶液に亜鉛片を入れたとき，亜鉛片の表面に銅が使われたならば，銅よりも亜鉛のほうがイオンになりやすいといえる。

　このように，各水溶液(硫酸銅・硫酸亜鉛・硫酸マグネシウム)と金属片(銅・亜鉛・マグネシウム)を反応させたときの結果から，各金属のイオンへのなりやすさが比べられるようになると考えられる。

　よって，以下の表の交点において，どのような反応が起こるのかをまとめ，結果を考察することで各金属のイオンへのなりやすさのちがいを確かめることができる。

	硫酸マグネシウム水溶液 (Mg^{2+})	硫酸亜鉛水溶液 (Zn^{2+})	硫酸銅水溶液 (Cu^{2+})
マグネシウム (Mg)			
亜鉛 (Zn)			
銅 (Cu)			

※結果は本書 p.74 参照。

ガイド 2 マイクロスケール実験

　小さな器具を用いて少量の薬品で行う実験をマイクロスケール実験という。マイクロスケール実験には，試薬の節約，実験廃棄物の削減，環境への影響の軽減につながるのはもちろんのこと，少量の試薬を用いるので危険が少ないこと，実験時間を短縮できること，費用をへらすことができること，などのメリットがある。さらに，教科書 p.128 に示されているように，マイクロプレートに合わせて台紙をつくることで，変化のようすが比較しやすいという利点もある。

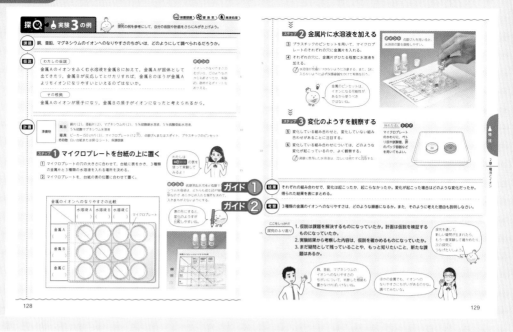

ガイド 1 結果

○：変化が起こった　　×：変化が起こらなかった

	硫酸マグネシウム水溶液 (Mg^{2+})	硫酸亜鉛水溶液 (Zn^{2+})	硫酸銅水溶液 (Cu^{2+})
マグネシウム (Mg)		1 ○	2 ○
亜鉛 (Zn)	3 ×		4 ○
銅 (Cu)	5 ×	6 ×	

　変化が起こったのか，起こらなかったのかは，上の表のようにまとめられる。表の3，5，6では変化は起こらず，亜鉛片や銅片は金属光沢を保ったままであった。

　次に，表の1，2，4では，以下のような変化が起こった。

1	マグネシウム片が変化し，灰色の固体(亜鉛)が現れた。
2	マグネシウム片が変化し，赤色の固体(銅)が現れた。水溶液の青色がうすくなった。
4	亜鉛片が変化し，赤色の固体(銅)が現れた。水溶液の青色がうすくなった。

ガイド 2 考察

　3種類の金属のイオンへのなりやすさは，

マグネシウム(Mg)＞亜鉛(Zn)＞銅(Cu)

になる。これは次の結果からいえる。

　まず，マグネシウムと亜鉛について，3では変化が見られず，1では変化が見られたことから，亜鉛よりもマグネシウムのほうがイオンになりやすいといえる(マグネシウム＞亜鉛)。

　次に，マグネシウムと銅について，5では変化が見られず，2では変化が見られたことから，銅よりもマグネシウムのほうがイオンになりやすいといえる(マグネシウム＞銅)。最後に，亜鉛と銅について，6では変化が見られず，4では変化が見られたことから，銅よりも亜鉛のほうがイオンになりやすいといえる(亜鉛＞銅)。

　よって，この3つの比較をまとめると，

マグネシウム(Mg)＞亜鉛(Zn)＞銅(Cu)

になる。

ガイド 1　表現してみよう

銅，亜鉛，マグネシウムの間で，イオンへのなりやすさは次のようになる。

　　　マグネシウム(Mg)＞亜鉛(Zn)＞銅(Cu)

このように考えられる理由を，教科書 p.128 実験3の結果から考えていく。実験3の結果は，以下のように表にまとめられる。

	硫酸マグネシウム水溶液 (Mg^{2+})	硫酸亜鉛水溶液 (Zn^{2+})	硫酸銅水溶液 (Cu^{2+})
マグネシウム (Mg)		①	②
亜鉛 (Zn)	③		④
銅 (Cu)	⑤	⑥	

ここでは，金属片を水溶液に入れることで変化した①，②，④について，金属片の表面で起こっている現象を紹介する。

【①の反応】

①について，マグネシウム片の表面では，

　　$Mg \longrightarrow Mg^{2+} + 2e^-$

　　$Zn^{2+} + 2e^- \longrightarrow Zn$

という変化が起こっている。つまり，水溶液中にとけていた亜鉛イオンが亜鉛原子に変化しているのと同時に，マグネシウム原子がマグネシウムイオンとなって水溶液中にとけこんでいる。この2つの変化をまとめると，

　　$Mg + Zn^{2+} \longrightarrow Mg^{2+} + Zn$

と書くことができる。マグネシウム原子と亜鉛原子では，上のような反応が起こっていることから，マグネシウム原子のほうがイオンになりやすいといえる。

【②の反応】

同様に，マグネシウム片の表面では，

　　$Mg + Cu^{2+} \longrightarrow Mg^{2+} + Cu$

という変化が起こっているため，マグネシウム原子と銅原子ではマグネシウム原子のほうがイオンになりやすいといえる。

【④の反応】

同様に，亜鉛片の表面では，

　　$Zn + Cu^{2+} \longrightarrow Zn^{2+} + Cu$

という変化が起こっているため，亜鉛原子と銅原子では亜鉛原子のほうがイオンになりやすいといえる。

物質

75

テストによく出る
重要用語等

□ダニエル電池

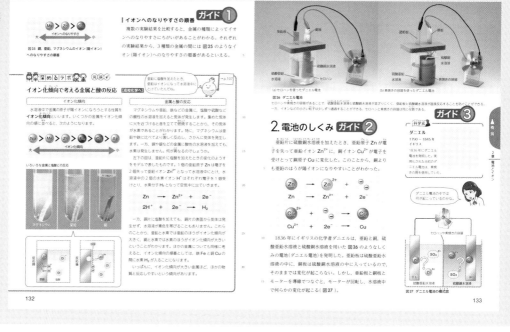

ガイド 1 　イオンへのなりやすさの順番

　金属は陽イオンになりやすく，その種類によって，よりイオンになりやすいものとなりにくいものがある。代表的な金属をイオンになりやすさの順に並べると，下の解説のようになる。

ガイド 2 　電池のしくみ

　2種類の異なる金属を電解質の水溶液に入れて，導線でつなぐと電池になる。イオンになりやすいほうの金属が－極になり，イオンになりにくいほうの金属が＋極になる。このとき，－極になる金属は水溶液中にとけ出して陽イオンになる。しかし，＋極の金属には変化がない。

　例えば，うすい硫酸の中に，電極として亜鉛 Zn と銅 Cu を入れて導線でつなぐと，Zn のほうが Cu よりもイオンになりやすいので，Zn が－極に，Cu が＋極になる。そして，－極の Zn は水溶液中にとけ出して，2価の陽イオンである亜鉛イオン Zn^{2+} になる。＋極の Cu には変化がないが，その周辺で気体の水素 H_2 が発生する。

　このように，＋極では気体が発生したり，固体の金属が出てきたりするが，発生する気体や出てくる金属が何になるかは，電解質の種類による。

　用いる2つの金属のイオンへのなりやすさの差が大きいほど，生じる電圧は大きくなる。例えば，亜鉛 Zn と銅 Cu を用いたときよりは，マグネシウム Mg と銅 Cu を用いたときのほうが，生じる電気の電圧は大きくなる。

ガイド 3 　ダニエル

　イギリスの化学者ダニエルは，それまでに発明されていた電池(ボルタ電池)を改良し，ダニエル電池を発明した。この電池は，水素などの気体が発生せず，起きる電力も安定している実用的なものであった。現代ではさまざまな電池が使われているが、ダニエルはその基礎を築いた一人であるといえるだろう。

解説 　金属のイオン化傾向

（大）　　　（小）

K > Ca > Na > Mg > Al > Zn > Fe > Ni > Sn > Pb > (H) > Cu > Hg > Ag > Pt > Au

カリウム　　　　ナトリウム　　　アルミニウム　　　　鉄　　　　　スズ　　　　　水素　　　　　水銀　　　　　白金

　　　カルシウム　　　マグネシウム　　　　亜鉛　　　　ニッケル　　　鉛　　　　　銅　　　　　銀　　　　　金

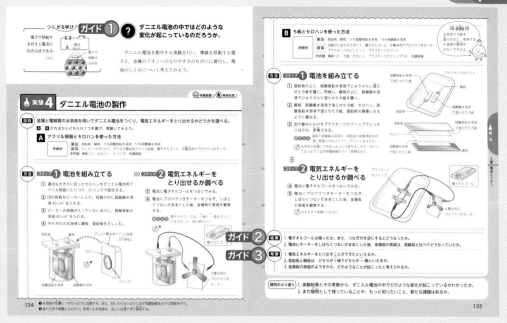

ガイド 1 つながる学び

　中学校2年では，回路に流れる電流には流れる向きがあることを学んだ。また，電流の正体は電子の流れであり，電流の流れる向きと電子の移動する向きは反対であることも学習した。

　　　電流の流れる向き：＋極から−極

　　　電子の移動する向き：−極から＋極

ガイド 2 結果

1.　電子オルゴールの＋極側を銅板に，−極側を亜鉛板につなぐと，電子オルゴールは鳴った。しかし，＋極側を亜鉛板に，−極側を銅板につなぐと，電子オルゴールは鳴らなかった。

2.　亜鉛板は，表面がぼろぼろになり，もとの亜鉛板よりも細くなっていた。一方で銅板には，表面に新たな銅が付着していた。

ガイド 3 考察

1.　製作したダニエル電池を電子オルゴールに接続すると，電子オルゴールは鳴った。また，プロペラつきモーターを接続すると，モーターが回った。このことから，ダニエル電池によって電気エネルギーをとり出せたといえる。

2.　電子オルゴールをつないだとき，電子オルゴールの＋極側を銅板に，−極側を亜鉛板につなぐと，電子オルゴールが鳴った。また，逆につなぐと電子オルゴールは鳴らなかった。これは，亜鉛板が−極，銅板が＋極だからだといえる。

3.　亜鉛板では，表面がぼろぼろになり，もとの亜鉛板よりも細くなっていた。そして，銅板では，表面に新たな銅が付着していた。これらのことから，電流が流れているとき，亜鉛板と銅板の表面では化学変化が起きていたといえる。つまり，電流が流れているとき，電池の内部では化学変化が起こっていると考えられる。

テストによく出る
重要用語等

□化学エネルギー
□電池(化学電池)

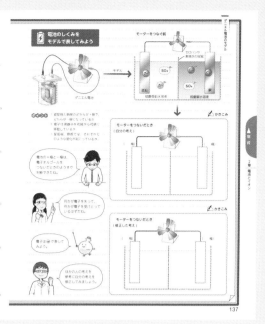

ガイド 1　化学電池

　化学エネルギーを電気エネルギーとしてとり出す装置を電池(化学電池)という。

　電解質の水溶液に2種類の金属板A・Bをひたし、導線でつなぐと、電解質が陽イオンと陰イオンになっているもののほかに、Aの金属が陽イオンとなって水溶液中にとけ出す。このとき、放出された電子が導線を通って金属板Bに流れる。金属板Bの表面で、水溶液中にとけていた電解質の陽イオンが電子を受けとる。電子は、AからBへ向かって流れるので、Aが－極、Bが＋極になる。電流の流れは、＋極から－極へ流れると定義されているので、＋極であるBから－極であるAへ流れることになる。これが電池のモデルである。

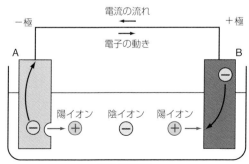

電池のモデル

ガイド 2　話し合ってみよう

　亜鉛と銅では亜鉛のほうが陽イオンになりやすいため、亜鉛板では亜鉛原子 Zn が電子を失って、亜鉛イオン Zn^{2+} へと変化する。銅板では、亜鉛板から導線の中を移動してきた電子によって、水溶液中の銅イオン Cu^{2+} が銅原子 Cu へと変化する。これを化学反応式で表すと、ダニエル電池の－極と＋極では、次のような反応が起こっている。

　　（－極）　$Zn \longrightarrow Zn^{2+} + 2e^-$

　　（＋極）　$Cu + 2e^- \longrightarrow Cu$

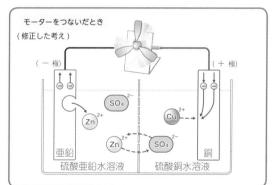

テストによく出る
重要用語等

□一次電池
□二次電池
□放電
□充電
□光電池(太陽電池)

ガイド ① いろいろな電池

充電のできない使い切りの電池を一次電池，充電ができてくり返し使える電池を二次電池という。

◎**アルカリマンガン乾電池(一次電池)**
−極に亜鉛粉，＋極に二酸化マンガン，電解質の水溶液にアルカリ性の水酸化カリウム水溶液を用いる。

◎**リチウム電池(一次電池)**
−極にリチウム，＋極に二酸化マンガン，電解質の溶液には有機溶媒にリチウム塩をとかしたものを用いたボタン型や円筒形の電池。小型で高電圧，長寿命が得られるが，大きな電流には向かない。

◎**空気亜鉛電池(一次電池)**
−極に亜鉛，＋極には空気中の酸素を利用したボタン型の電池である

◎**鉛蓄電池(二次電池)**
−極に鉛，＋極に酸化鉛，電解質の水溶液にはうすい硫酸を用いた二次電池。水溶液の中の硫酸イオンが両極で反応することで放電するが，充電することによりもとの水溶液にもどり，再び使えるようになる。自動車のバッテリーに使われている。

◎**リチウムイオン電池(二次電池)**
−極に炭素材(グラファイトなど)，＋極にリチウム金属酸化物を用い，電解質の水溶液の中のリチウムイオンが移動することで放電・充電する二次電池。電子機器に使われている。

◎**ニッケル水素電池(二次電池)**
−極に水素吸蔵合金，＋極に水酸化ニッケル，電解質の水溶液にこい水酸化カリウム水溶液を用いた二次電池。電子機器やハイブリッドカー，家庭用充電池として使われている。

解説 マンガン乾電池のつくり

マンガン乾電池は，−極となる亜鉛でできた筒の中に，電解質の溶液の塩化アンモニウム溶液や塩化亜鉛溶液などをデンプンでのり状にした層がある。その内側に二酸化マンガンと炭素粉を固めたものをつめ，中心に＋極になる炭素棒がさしこまれている。

亜鉛は，電解質の溶液と反応して，2価の陽イオン(Zn^{2+})になり，2個の電子 $2e^-$ を放出するので−極になる。二酸化マンガン MnO_2 は，電解質の溶液中の水素イオン $2H^+$ と放出された電子 $2e^-$ によって，酸化水酸化マンガン $MnO(OH)$ に還元される。電子は炭素棒と炭素粉を通るので，炭素棒が＋極となる。

かつて，電解質の溶液は液体であったが，現在はデンプンなどでのり状に固めてあるので「乾電池」という。乾電池は使い続けると，亜鉛が陽イオンになりボロボロにくずれてくる。なお，亜鉛のつつは，金属のケースなどに入れてある。

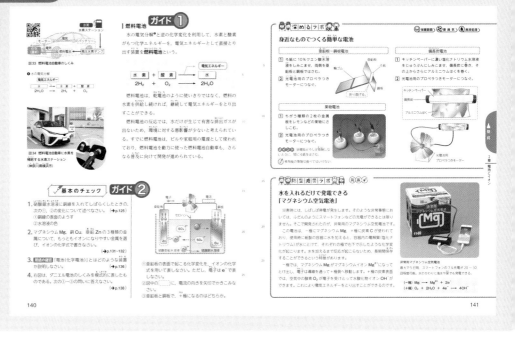

ガイド 1　燃料電池

　燃料(水素 H_2，一酸化炭素 CO，メタン CH_4，メタノール CH_3OH など)のもつ化学エネルギーを燃焼させて熱エネルギーを得る代わりに，化学エネルギーから直接電気エネルギーをとり出す装置を燃料電池という。

　燃料電池が考案されたのは 19 世紀のはじめであった。20 世紀の半ば過ぎに実用化が進み，アメリカの宇宙船ジェミニやアポロの電源装置として採用された。この燃料電池は，＋極に酸素 O_2，－極に水素 H_2 を供給し，電解質に水酸化カリウム KOH を用いたものであった。発電後に生じた水が宇宙船の乗組員の飲料水に用いられたことが話題になった。

　水酸化カリウム KOH を電解質に用いた KOH 型の燃料電池では，KOH が二酸化炭素 CO_2 を吸収しやすく，その結果，発電効率が低下してしまう。その欠点を改良したのが，電解質にリン酸 H_3PO_4 を用いたリン酸型の燃料電池である。

　電極に水素ガス H_2 をふきつけると，H_2 の一部はイオン化し，H^+ として電解質の水溶液にとけこむ。このとき，電極に電子 e^- が与えられるから，この電極は－極になる。

$$H_2 \longrightarrow 2H^+ + 2e^-$$

この－極に生じた電子は，導線を伝わって，もう一方の電極(＋極)に達する。

　＋極では酸素 O_2 がふきつけられており，O_2 は＋極に伝わってきた電子と結びついて O^{2-} となる。これは電解質の水溶液中の H^+ とただちに結びついて水となる。

$$O_2 + 4e^- \longrightarrow 2O^{2-}$$
$$2O^{2-} + 4H \longrightarrow 2H_2O$$

　電極での反応を見ると，電解質の水溶液は何の変化もしていない。つまり，電極に水素 H_2 と酸素 O_2 を供給し続けるかぎり，半永久的に発電できることになる。

ガイド 2　基本のチェック

1. ① (例)銅線のまわりに銀色の結晶が現れ，樹木の枝のように成長していく。
   ② (例)だんだんと青色を帯びる。
2. Mg^{2+}
3. (例)化学変化を利用して，物質がもっている化学エネルギーを電気エネルギーに変換してとり出す装置。
4. ① $Zn \longrightarrow Zn^{2+} + 2e^-$
   ② ←
   ③ 銅板が＋極になる。

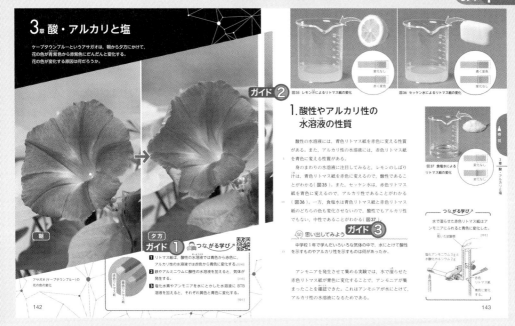

ガイド 1　つながる学び

■1　酸性の水溶液(すいようえき)は，赤色リトマス紙の色を変化させないが，青色リトマス紙を赤色に変化させる。アルカリ性の水溶液は，青色リトマス紙の色を変化させないが，赤色リトマス紙を青色に変化させる。

■2　鉄やアルミニウムに酸性の水溶液を加えると気体が発生する。この気体は水素である。

■3　塩化水素の水溶液である塩酸は酸性であり，緑色のBTB溶液を加えると黄色に変化する。アンモニアの水溶液であるアンモニア水はアルカリ性であり，緑色のBTB溶液を加えると青色に変化する。

ガイド 2　リトマス紙

リトマスは，本来，リトマスゴケ(地中海地方の岩石に生える地衣類の一種)などから得られる染料(せんりょう)で，現在は人工的に合成されることが多い。現在では染料としては用いられなくなり，酸やアルカリの指示薬として用いられている。

リトマス液をろ紙にしみこませたものがリトマス紙(リトマス試験紙)で，青色のものと赤色のものがある。それを液体にひたすと，その液体が酸性か中性かアルカリ性かの判定ができる。青色のリトマス紙は酸性では赤色に変化し，赤色のリトマス紙はア

ルカリ性では青色に変化する。中性ではどちらの色のリトマス紙も変化しない。

ガイド 3　思い出してみよう

中学校1年では，いろいろな気体の性質を学んだ。水にとかすと酸性やアルカリ性を示す気体は，以下の通りである。

【酸性】
- 二酸化炭素
- 塩化水素
- 塩素

【アルカリ性】
- アンモニア

なお，塩素は水に少しとけて，その水溶液は酸性を示すが，漂白作用(ひょうはく)があるため，青色リトマス紙を近づけると赤く変化せずに，漂白されてしまう。

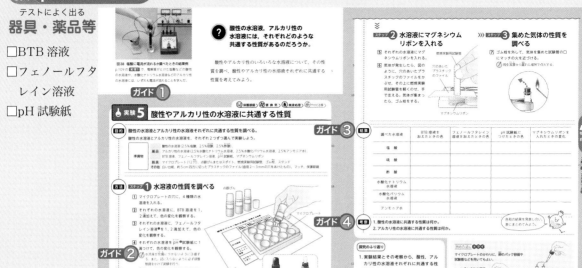

ガイド ➊ 電流が流れる水溶液（すいようえき）

教科書 p.109 実験 1 で，水溶液には，その溶質によって，電流が流れるものと流れないものがあることがわかった。塩化水素や水酸化ナトリウムをとかした水溶液には電流が流れる。このように，水にとけると水溶液に電流が流れる物質を電解質という。

ガイド ➋ ｐＨ試験紙（ピーエイチ）

pH 試験紙に水溶液をつけて，変化した試験紙の色を標準の色の表と対照すると，おおよそのpHがわかる。つまり，酸性であるか，アルカリ性であるかの判定ができる（くわしくは，教科書 p.152 参照）。

ガイド ➌ 結果

次の表中ア～エは以下のとおり。

ア　BTB 溶液を加えたときの色

イ　フェノールフタレイン溶液を加えたときの色

ウ　pH 試験紙につけたときの色

エ　マグネシウムリボンを入れたときの変化

調べた水溶液	ア	イ	ウ	エ
塩酸	黄色	無色	赤色	気体が発生
硫酸（りゅうさん）	黄色	無色	赤色	気体が発生
酢酸（さくさん）	黄色	無色	オレンジ色	気体が発生
水酸化ナトリウム水溶液	青色	赤色	濃い青色	変化なし
水酸化バリウム水溶液	青色	赤色	濃い青色	変化なし
アンモニア水	青色	赤色	青色	変化なし

ガイド ➍ 考察

1. ● BTB 溶液を加えると黄色に変化する。
   ● フェノールフタレイン溶液を加えても無色である。
   ● pH 試験紙をオレンジ色～赤色に変化させる。
   ● マグネシウムリボンを入れると，気体が発生する。

2. ● BTB 溶液を加えると青色に変化する。
   ● フェノールフタレイン溶液を加えると赤色に変化する。
   ● pH 試験紙を青色に変化させる。
   ● マグネシウムリボンを入れても変化がない。

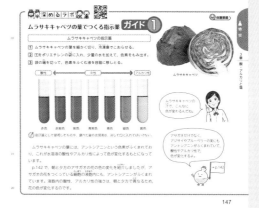

物　質

テストによく出る❗

酸性の水溶液の性質
①青色リトマス紙を赤色に変える。
②緑色の BTB 溶液を黄色に変える。
③pH 試験紙につけると黄色〜赤色になる。
④マグネシウムリボンを入れると，水素が発生する。

アルカリ性の水溶液の性質
①赤色リトマス紙を青色に変える。
②緑色の BTB 溶液を青色に変える。
③pH 試験紙につけると青色になる。
④フェノールフタレイン溶液を赤色に変える。

解説 リトマス紙の反応

リトマス紙は，水溶液の酸性やアルカリ性を調べるのに使われる。しかし，ふつうに用いられているリトマス紙の感度は必ずしもよくなく，酸やアルカリに反応しないこともある。

二酸化炭素の水溶液である炭酸水では，速やかに測定しないと，二酸化炭素が空気中に逃げてしまい，酸としてのはたらきが弱まってリトマス紙が反応しなくなることもある。また，重曹(炭酸水素ナトリウム)の水溶液は弱いアルカリ性であるが，リトマス紙が反応しないこともある。

ガイド①　ムラサキキャベツの葉でつくる指示薬

ムラサキキャベツの葉を数枚，乳鉢ですりつぶした後，蒸留水に 30 分ほどひたしておいてからろ過すると紫色の液が得られる。あるいは，ムラサキキャベツの葉を数枚切り刻んでエタノールにひたしておき，葉が白くなったときに，葉をとり出すと，紫色の液が得られる。

ムラサキキャベツ液は中性では紫色であり，酸性では赤色で，酸性が強くなるほど赤色が濃くなる。アルカリ性では，弱いアルカリ性のときは緑色，強いアルカリ性のときは黄色になる。これはムラサキキャベツ液にふくまれるアントシアニンという赤い色素の性質によるものである。したがって，アントシアニンをふくむ植物，例えば，ブドウの皮，アジサイの花弁，ブルーベリーの実などを用いても，指示薬をつくることができる。

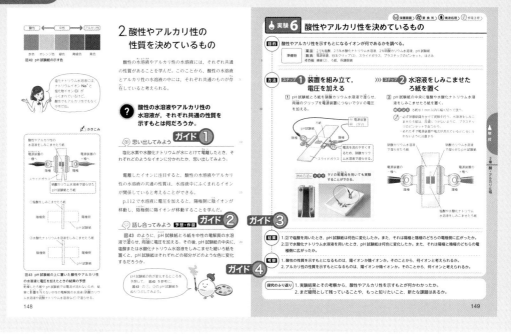

ガイド 1 思い出してみよう

塩化水素 HCl が水溶液中で電離すると，水素イオン H^+ と塩化物イオン Cl^- に分かれる。

$$HCl \longrightarrow H^+ + Cl^-$$

水酸化ナトリウム NaOH が水溶液中で電離すると，ナトリウムイオン Na^+ と水酸化物イオン OH^- に分かれる。

$$NaOH \longrightarrow Na^+ + OH^-$$

ガイド 2 話し合ってみよう

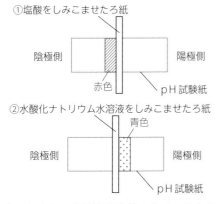

①塩酸をしみこませたろ紙

陰極側　　　　　　　　　陽極側

赤色　　　pH試験紙

②水酸化ナトリウム水溶液をしみこませたろ紙

青色

陰極側　　　　　　　　　陽極側

pH試験紙

塩化ナトリウム水溶液が中性であることから，ナトリウムイオン Na^+ や塩化物イオン Cl^- は，酸性やアルカリ性を決めていないと考えられる。①について，＋の電気を帯びている水素イオンが陰極側に移動する。同様に，②については，－の電気を帯び

ている水酸化物イオンが陽極側に移動する。これらが酸性やアルカリ性を決めているなら，①では陰極側が赤く，②では陽極側が青く変化すると考えられる。

ガイド 3 結果

1. 塩酸をしみこませたろ紙は，pH 試験紙を，オレンジ色〜赤色に変化させた。色の変化は pH 試験紙の中央から陰極側に広がった。
2. 水酸化ナトリウム水溶液をしみこませたろ紙は，pH 試験紙を，青色に変化させた。色の変化は pH 試験紙の中央から陽極側に広がった。

ガイド 4 考察

1. 酸性の性質を示すもとになるものは，陰極側の色の変化から，陽イオンだと考えられる。よって，塩酸にふくまれる陽イオンである水素イオン H^+ が，酸性の性質を示すと考えられる。
2. アルカリ性の性質を示すもとになるものは，陽極側の色の変化から陰イオンだと考えられる。よって，水酸化ナトリウム水溶液にふくまれる陰イオンである水酸化物イオン OH^- が，アルカリ性の性質を示すと考えられる。

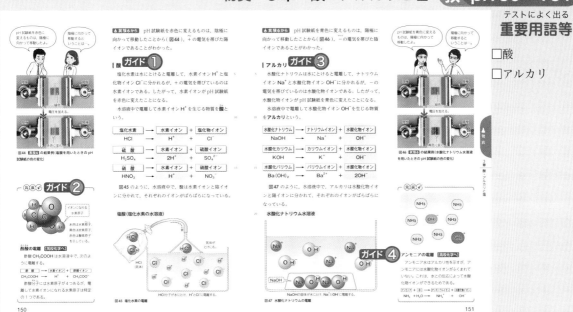

ガイド 1 酸

　教科書 p.149 実験 6 で，pH 試験紙を赤くしたものは，陰極に向かって移動したので，＋の電気を帯びていることがわかる。塩酸，硫酸，硝酸，酢酸などが水にとけて電離するとき，＋の電気をもつ陽イオンとなるのは，水素イオン H^+ である。水素イオンこそ，酸性を示すものの正体なのである。

　このように，水溶液中で水素イオンを生じる物質を酸という。

物質	⟶	陽イオン	＋	陰イオン
塩酸 HCl	⟶	水素イオン H^+	＋	塩化物イオン Cl^-
硫酸 H_2SO_4	⟶	水素イオン $2H^+$	＋	硫酸イオン SO_4^{2-}
硝酸 HNO_3	⟶	水素イオン H^+	＋	硝酸イオン NO_3^-

ガイド 3 アルカリ

　教科書 p.149 実験 6 で，pH 試験紙を青くしたものは，陽極に向かって移動したので，－の電気を帯びていることがわかる。水酸化ナトリウム水溶液，水酸化カリウム水溶液，水酸化バリウム水溶液などが水にとけて電離するとき，－の電気をもつ陰イオンとなるのは，水酸化物イオン OH^- である。

　このように，水溶液中で水酸化物イオンを生じる物質をアルカリという。

物質	⟶	陽イオン	＋	陰イオン
水酸化ナトリウム $NaOH$	⟶	ナトリウムイオン Na^+	＋	水酸化物イオン OH^-
水酸化カリウム KOH	⟶	カリウムイオン K^+	＋	水酸化物イオン OH^-
水酸化バリウム $Ba(OH)_2$	⟶	バリウムイオン Ba^{2+}	＋	水酸化物イオン $2OH^-$

ガイド 2 酢酸の電離

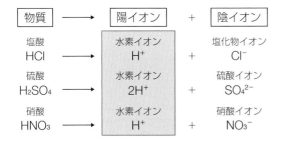

　酢酸には，水素原子が 4 個あるが，電離して水素イオンになれる水素は酸素とつながった 1 個だけなので，酢酸の化学式は CH_3COOH と表す。

酢酸　　　　水素イオン　　酢酸イオン
$CH_3COOH \longrightarrow H^+ + CH_3COO^-$

ガイド 4 アンモニアの電離

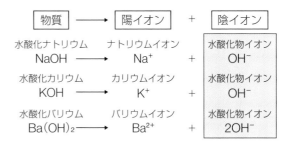

　アンモニアには，水酸化物イオンがふくまれていないが，水との反応で水酸化物イオンができる。

アンモニア　　水　　アンモニウムイオン　水酸化物イオン
$NH_3 + H_2O \longrightarrow NH_4^+ + OH^-$

85

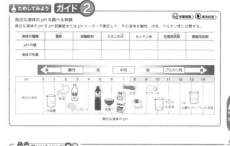

図48 日本各地の温泉の酸性・アルカリ性の強さ

3. 酸性・アルカリ性の強さ

酸の水溶液にマグネシウムを入れると、反応して水素が発生することを学んだ。

実験3 でうすい塩酸にマグネシウムを入れると激しく反応したが、うすい酢酸にマグネシウムを入れるとおだやかに反応した。マグネシウムのかわりに亜鉛を入れても、同様の結果が得られる（図49）。これは、塩酸と酢酸では、酸性の強さが異なるためである。

図49 酸と亜鉛の反応

❓ 水溶液の酸性やアルカリ性の強さは、どのように表せるのだろうか。

水溶液の酸性、アルカリ性の強さを表すには、pHが用いられる。pHの値が7より小さいほど酸性が強く、pHが7より大きいほどアルカリ性が強い。

pHは、pH試験紙やpHメーターで調べることができる。これらを使って調べると、うすい塩酸やうすい硫酸のpHはおよそ1で、酸性が強いことがわかる。一方、うすい酢酸のpHはおよそ3で、うすい塩酸やうすい硫酸よりも、酸性が弱いことがわかる（図50）。

図50 pH試験紙とpHメーター（うすい酢酸のpH測定）

152

153

● **酸** 水溶液中で電離して水素イオン H^+ を生じる物質のこと。例えば、塩化水素 HCl、硫酸 H_2SO_4、硝酸 HNO_3 などがある。

● 酸の電離

$HCl \longrightarrow H^+ + Cl^-$

$H_2SO_4 \longrightarrow 2H^+ + SO_4^{2-}$

$HNO_3 \longrightarrow H^+ + NO_3 NO_3^-$

● **アルカリ** 水溶液中で電離して水酸化物イオン OH^- を生じる物質のこと。例えば、水酸化ナトリウム $NaOH$、水酸化カリウム KOH、水酸化バリウム $Ba(OH)_2$ などがある。

● アルカリの電離

$NaOH \longrightarrow Na^+ + OH^-$

$KOH \longrightarrow K^+ + OH^-$

$Ba(OH)_2 \longrightarrow Ba^{2+} + 2OH^-$

● **pH** 水溶液の酸性、アルカリ性の強さを表す数値のこと。pHの値が7のときは中性で、7より小さいほど酸性が強く、7より大きいほどアルカリ性が強い。

● **中性** pHの値が7のときの水溶液の性質のこと。

pH試験紙は、うすい塩酸や硫酸では赤色になり、うすい酢酸ではオレンジ色になる。また、亜鉛は、うすい塩酸や硫酸では激しく反応し、うすい酢酸では反応はおだやかである。これは酸性・アルカリ性には、水溶液によって、強弱があるためである。

水溶液の酸性・アルカリ性の強さを表す値を、pH（ピーエイチ）という。

pHは、0〜14までの値があり、pHの値が7のとき、水溶液は中性である。値が7より小さいほど、酸性が強く、7より値が大きいほど、アルカリ性が強い。

pHは、pH試験紙やpHメーターで調べることができる。

液体の種類	pHの値	液体の性質
食酢	3	酸性
炭酸飲料	4〜5	酸性
ミカンの汁	3〜4	酸性
セッケン水	10	アルカリ性
住居用洗剤	9〜10	アルカリ性
食器用洗剤	7	中性

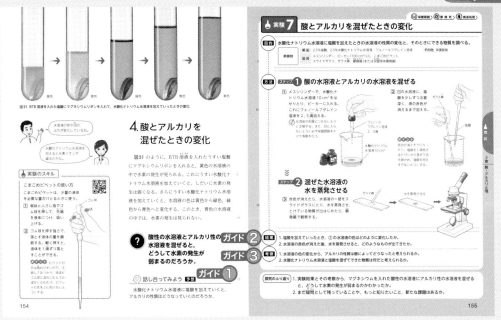

ガイド① 話し合ってみよう

　教科書 p.154 図 51 のように，BTB 溶液を入れたうすい塩酸にマグネシウムリボンを入れて，水素が発生していた水溶液にうすい水酸化ナトリウムを加えていくと，水素の発生が弱くなり，水溶液の色が黄色→緑色→青色と変化した。これは，水酸化ナトリウムによって，酸性から中性，アルカリ性へと水溶液の性質が変わったためと考えられる。

　よって，水酸化ナトリウムの水溶液に塩酸を加えていくと，アルカリの性質が酸によって打ち消されると考えられる。

ガイド② 結果

1.　赤色がじょじょにうすくなり，やがて無色になった。
2.　顕微鏡で見ると，透明な四角い結晶ができていた。

ガイド③ 考察

1.　フェノールフタレイン溶液が赤色から無色になったので，アルカリの性質が酸によって打ち消されたと考えられる。
2.　四角い結晶なので，塩化ナトリウムであると考えられる。

解説 中和

　水酸化ナトリウム水溶液はアルカリ性で，フェノールフタレイン溶液を加えると赤色になる。これに酸性の塩酸を少しずつ加えていくと，水酸化ナトリウムと塩酸が反応して，塩化ナトリウムと水が生じる。塩化ナトリウムの水溶液も水も中性なので，フェノールフタレイン溶液を加えた水溶液の色は無色になる。それは，アルカリ性という性質が消えたことを意味する。

　このように，酸とアルカリ性が反応してたがいの性質を打ち消し合うことを中和という。

□中和
□塩（えん）

ガイド 1　思い出してみよう

うすい硫酸 H_2SO_4 とうすい水酸化バリウム水溶液 $Ba(OH)_2$ を混ぜると，白い沈殿が生じた。この沈殿は，バリウムイオンと Ba^{2+} と硫酸イオン SO_4^{2-} が結びついてできた硫酸バリウム $BaSO_4$ である。

ガイド 2　考えてみよう

水酸化ナトリウム水溶液と塩酸を混ぜたときに生じる塩は塩化ナトリウムである。塩化ナトリウムは，水にとけやすく，ナトリウムイオンと塩化物イオンに電離するので液は白くにごらない。一方，水酸化バリウム水溶液と硫酸を混ぜたときに生じる塩は硫酸バリウムである。硫酸バリウムは，水にとけにくいので，白くにごる。

ガイド 3　活用してみよう

水酸化バリウム水溶液に硫酸を加えて中性にすると，水と硫酸バリウムが生じる。硫酸バリウムは水にとけにくい塩であり，水溶液中でも電離しない。よって，電流は流れない。

テストによく出る❗

◆ **中和**　水素イオン H^+ と水酸化物イオン OH^- から水が生じることにより，酸とアルカリがたがいの性質を打ち消し合う反応。

$$H^+ + OH^- \longrightarrow H_2O$$

◆ **塩**　中和によって，アルカリの陽イオンと酸の陰イオンが結びついてできる物質。

● 塩酸と水酸化ナトリウム水溶液の中和
塩化水素 HCl と水酸化ナトリウム NaOH は次のように電離する。

$$HCl \longrightarrow H^+ + Cl^-$$
$$NaOH \longrightarrow Na^+ + OH^-$$

したがって，全体としては，

$$HCl + NaOH \longrightarrow NaCl + H_2O$$

生じる塩は塩化ナトリウム NaCl である。

● 硫酸と水酸化バリウム水溶液の中和
硫酸 H_2SO_4 と水酸化バリウム $Ba(OH)_2$ は次のように電離する。

$$H_2SO_4 \longrightarrow 2H^+ + SO_4^{2-}$$
$$Ba(OH)_2 \longrightarrow Ba^{2+} + 2OH^-$$

したがって，全体としては，

$$H_2SO_4 + Ba(OH)_2 \longrightarrow BaSO_4 + 2H_2O$$

生じた塩は硫酸バリウム $BaSO_4$ である。なお，硫酸バリウムは水にとけにくい塩であり，中和で生じたときに液が白くにごる。

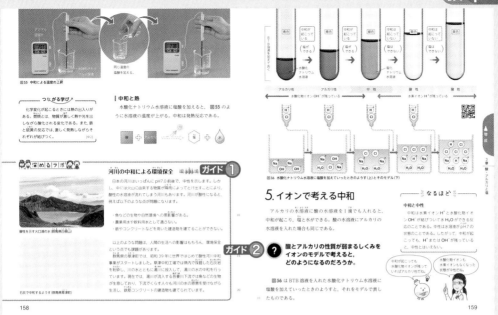

ガイド① 河川の中和による環境保全

　日本は火山国であり，多くの温泉があるが，その性質は強い酸性から強いアルカリ性までさまざまである。

　群馬県の草津温泉は，有馬温泉(兵庫県)，下呂温泉(岐阜県)と並んで日本三大名湯の1つとして有名であるが，その湯の pH の値が2を示すほど強い酸性の温泉としても知られている。

　草津の湯が流れこむ吾妻川は，かつては「死の川」とよばれ，魚が生息できないほど強い酸性の川であった。もちろん，飲用や農業用水にも不向きであった。

　そこで，吾妻川に流入する酸性の川の1つである湯川の水に石灰(石灰水はアルカリ性を示す)を投入して，河川を中和しようという中和事業が 1964 年にスタートしたのである。現在では水質が改善され，魚も生息できるようになり，下流域の人々は河川の恩恵を受けられるようになっている。

ガイド② 学習の課題

　話を簡単にするために，水酸化ナトリウム NaOH 分子2個が水にとけているものとし，また，水は電離していないものとする。そして，この水溶液に塩酸 HCl を注いでいくことを考える。

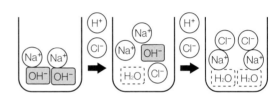

水酸化物イオンが2つで，強アルカリ性	水酸化物イオンが1つで，弱アルカリ性	水酸化物イオンも水素イオンもなく中性

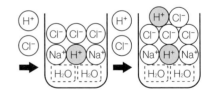

水素イオンが1つで，弱酸性	水素イオンが2つで，強酸性

　水溶液は最初アルカリ性であるが，塩酸を入れることによって中和が起こり，水と塩(NaCl ⟶ Na$^+$ + Cl$^-$ と電離している)が生じる。やがて，水溶液中には水素イオン H$^+$ も水酸化物イオン OH$^-$ も存在しない状態，つまり中性になる。これ以後は，塩酸を注いでも，水溶液中に水酸化物イオンが存在しないので中和は起こらず，塩は生じない。そして，水溶液中には水素イオンが増加していって，水溶液は酸性になる。

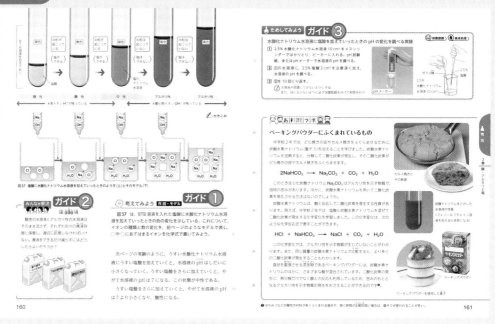

ガイド 1　考えてみよう

　簡単にするために，塩化水素 HCl 分子 2 個が水にとけているものとし，また，水は電離していないものとする。そして，この水溶液に水酸化ナトリウム水溶液を注いでいくことを考える。

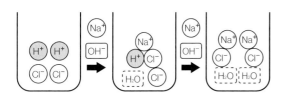

| 水素イオンが 2 つで，強酸性 | 水素イオンが 1 つで，弱酸性 | 水素イオンも水酸化物イオンもなく中性 |

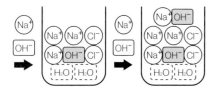

| 水酸化物イオンが 1 つで，弱アルカリ性 | 水酸化物イオンが 2 つで，強アルカリ性 |

ガイド 2　みんなで解決

　実験で使った酸性やアルカリ性の水溶液は，そのまま下水道に流して廃棄してはいけない。

　酸性雨が自然環境を破壊している(教科書 p.298)ことからもわかるように，自然界にあるものよりも強い酸性やアルカリ性の液体は，植物を枯らし，金属やコンクリートをもとかしてしまうほどの影響を与えるからである。

　酸性の水溶液に，アルカリ性の水溶液を加えていけば，酸性が弱まり，やがて pH 7 すなわち中性になる。また，アルカリ性の水溶液に，酸性の水溶液を加えていけば，アルカリ性が弱まり，やがて pH 7 すなわち中性になる。実験で使った酸性やアルカリ性の水溶液は，BTB 溶液や pH 試験紙などの指示薬を用いて，中性になるまで中和してから，廃棄しなければならない。

ガイド 3　ためしてみよう

　アルカリ性の水溶液の pH は 7 より大きい値を示す。塩酸を少しずつ加えていくと，アルカリ性はしだいに弱くなり，pH の値が 7 を示すようになる。このとき，溶液は中性である。さらに，塩酸を加えていくと，pH の値は 7 よりも小さい値を示すようになり，酸性の水溶液になると考えられる。

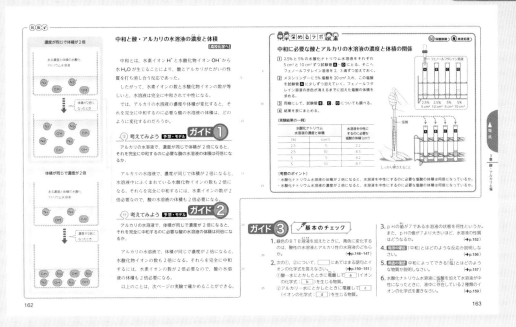

物　質　3章 酸・アルカリと塩

ガイド1 考えてみよう

　濃度が同じ水酸化ナトリウム水溶液の体積が2倍になると，下の図のように，水溶液中にとけこんでいる水酸化物イオン OH⁻ の数も2倍になる。

　したがって，すべての水酸化物イオンと反応するのに必要な水素イオン H⁺ の数も2倍になるので，中和に必要な酸の水溶液の体積も2倍になる。

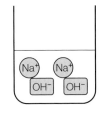

体積が2倍になったとき

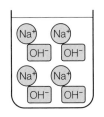

ガイド2 考えてみよう

　体積が同じ水酸化ナトリウム水溶液の濃度が2倍になると，右上の図のように，水溶液中にとけこんでいる水酸化物イオン OH⁻ の数も2倍になる。

　したがって，すべての水酸化物イオンと反応するのに必要な水素イオン H⁺ の数も2倍になるので，中和に必要な酸の水溶液の体積も2倍になる。

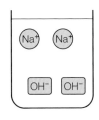

濃度が2倍になったとき

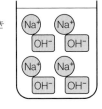

ガイド3 基本のチェック

1. アルカリ性の水溶液

2. ①a 水素イオン　　b H⁺
　　②c 水酸化物イオン　　d OH⁻

3. 中性
　　pH の値が7より大きいほどアルカリ性が強い。

4. (例)水素イオンと水酸化物イオンから水が生じることにより，酸とアルカリがたがいの性質を打ち消し合う反応。

5. (例)アルカリの陽イオンと酸の陰イオンが結びついたときにできた物質。

6. Na⁺, Cl⁻

①水溶液には電流が流れるものと流れないものがあることを学習した里香さんが，兄のゆうたさんにそのことで話をした。

里　香：昨日読んだ本に，オレンジの果汁には電流が流れるとかいてあったんだけど，お兄ちゃん知ってる？

ゆうた：知っているよ。オレンジにステンレス電極をさしこんだものを回路につないで，電子オルゴールが鳴っているのを見たことがある。

里　香：へえ。オレンジには，電流が流れるもとになる何かがふくまれているのかな。

ゆうた：オレンジにはクエン酸という物質がふくまれていて，あの酸味のもとになっているときいたことがあるけど…

里　香：オレンジはすっぱいけれど，あまい味もするから，あま味のもとになる物質も関係しているんじゃないかな。

　里香さんが図書室でオレンジについて調べたところ，酸味の成分としてクエン酸を，あま味の成分としてショ糖(砂糖の主成分)やブドウ糖などの糖をふくんでいることがわかった。そこで，先生と相談して実験計画を立て，次の実験を行った。

[実験]

[目的]　オレンジの果汁に電流が流れるかどうかに，クエン酸やブドウ糖が関係しているか調べる。

[準備物]　電源装置，ステンレス電極，導線，電子オルゴール，クエン酸の粉末，ブドウ糖の粉末，蒸留水，ビーカー，ガラス棒，保護眼鏡

[実験]　下図のような装置をつくり，それぞれの粉末とその水溶液にステンレス電極をさしこんだときに，電子オルゴールが鳴るかどうかを調べる。

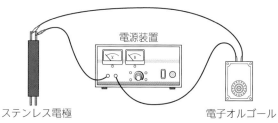

電源装置

ステンレス電極　　　　　　　電子オルゴール

[結果]　実験の結果は，下表のようになった。

	粉末や水溶液	電子オルゴールが鳴ったかどうか
1	クエン酸の粉末	鳴らなかった
2	クエン酸の水溶液	鳴った
3	ブドウ糖の粉末	鳴らなかった
4	ブドウ糖の水溶液	鳴らなかった

【解答・解説】

(1)　(例)電極の先を蒸留水でよく洗う。

　1つのステンレス電極を複数のものに対して使う場合，他のものに電極をさしこむごとに，電極の先を蒸留水でよく洗うことが大切である。そうしなければ，電極に付着していた物質によって，実験の結果が変化するからである。

(2)　ア，イ，エ

　水溶液には，その溶質によって，電流が流れるものと流れないものがある。水にとけると水溶液に電気が流れる物質を電解質といい，電気が流れない物質を非電解質という。ここで，クエン酸は電解質であり，ブドウ糖は非電解質である。

　実験を終えた後，里香さんはゆうたさんと結果について考察した。以下の会話文中の下線部にあてはまる操作を簡単に答えなさい。

里　香：結果3，4から，ブドウ糖はオレンジの果汁に電流が流れるかどうかには無関係であると考えていいね。

ゆうた：ということは，オレンジの果汁に電流が流れるかどうかには，クエン酸に注目する必要がありそうだね。

里　香：うん。結果1，2から，クエン酸を水にとかしたものが電流が流れることに関係しているといえそうね。

ゆうた：探究の過程をふり返ってみようよ。本当にそう結論づけるには，もう1つの実験が必要だと思うよ。

(3)　蒸留水だけに電極をさしこんだ場合も調べる。

　オレンジの果汁には，クエン酸やブドウ糖の他に水がふくまれている。電流が流れるのは，この水の影響である可能性もあるので，蒸留水だけに電極をさしこんだ場合も調べる必要がある。

(4)　電解質

　電解質は，水にとけてイオンに分かれる。このため，水溶液中をイオンが移動して電流が流れる。

(5)　イ

　ブドウ糖は水溶液中で電離せず，分子のままで存在しているのでイが正しい。

②下図のように，硝酸カリウム水溶液で湿らせたろ紙をスライドガラスにのせ，その中央に塩化銅水溶液のしみをつけた。この装置を電源装置につなぎ，ろ紙の両端に約9 Vの電圧を加えたところ，青色のしみが陰極側に移動するようすが観察された。

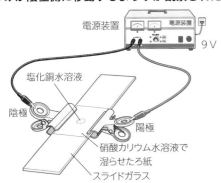

【解答・解説】

(1) **電流が流れやすくするため。**

乾燥したろ紙やpH試験紙では電流が流れないため，結果に影響を与えない硝酸カリウムなどの中性の電解質の水溶液で湿らせる必要がある。

(2) **ア…銅，イ…2，ウ…電子，エ…＋**

青色のしみは銅イオンによるものである。

(3) **名称…銅イオン　化学式…Cu^{2+}**

次に示す主な陽イオンと主な陰イオンは覚えておくとよい。

【主な陽イオン】

水素イオン	H^+	銀イオン	Ag^+
リチウムイオン	Li^+	アンモニウムイオン	NH_4^+
ナトリウムイオン	Na^+	銅イオン	Cu^{2+}
カリウムイオン	K^+	マグネシウムイオン	Mg^{2+}
亜鉛イオン	Zn^{2+}	鉄イオン	Fe^{2+}
カルシウムイオン	Ca^{2+}	バリウムイオン	Ba^{2+}

【主な陰イオン】

塩化物イオン	Cl^-	硫化物イオン	S^{2-}
水酸化物イオン	OH^-	硫酸イオン	SO_4^{2-}
硝酸イオン	NO_3^-	炭酸イオン	CO_3^{2-}

③右図のように，硫酸亜鉛水溶液を入れたビーカーに亜鉛板を入れた。また，セロハンの袋に入れた硫酸銅水溶液に銅板を入れ，その袋をビー

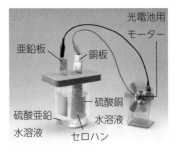

カーに入れた。亜鉛板と銅板を光電池用モーターにつなぐと，モーターは回転したが，電子オルゴールにつなぐと，つなぎ方によって鳴る場合と鳴らない場合があった。

【解答・解説】

(1) **ア…化学，イ…電気**

電池（化学電池）とは，化学変化を利用して，物質がもっている化学エネルギーを電気エネルギーに変換してとり出す装置である。

(2) **①逆回転になる。　②銅板**

①電流の流れる向きが逆になるため，モーターの回転も逆回転になる。

②銅板は＋極，亜鉛版は－極になる。

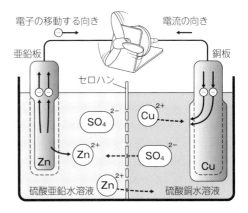

(3) ①亜鉛板…ぼろぼろになる。

銅板…新たな銅が付着する。

②亜鉛

③穴

④亜鉛板付近…＋にかたよる。

銅板付近…－にかたよる。

この電池はダニエル電池である。ダニエル電池は，1836年にイギリスの化学者ダニエルによって発明された電池である。ダニエル電池は，上の図のように，亜鉛板を硫酸亜鉛水溶液の中に，銅板を硫酸銅水溶液の中に入れ，各水溶液をセロハンや素焼きで仕切ることでできる。セロハンや素焼きには，小さな穴があいており，この穴を通して陽イオンや陰イオンが移動して電気的なかたよりができないようにしている（③）。

ダニエル電池では，銅より陽イオンになりやすい亜鉛原子 Zn が電子を失って亜鉛イオン Zn^{2+} になってとけ出す（②）。亜鉛板に残った電子は導線を通って銅板へ移動し，水溶液中の銅イオン Cu^{2+} が銅板の表面で電子を受けとって銅原子 Cu になる。この反応は，次のように表すことができる。

（－極）　$Zn \longrightarrow Zn^{2+} + 2e^-$

（＋極）　$Cu^{2+} + 2e^- \longrightarrow Cu$

この式を見ると，－極では亜鉛がとけ出し，＋極では新たな銅ができるのがわかる（①）。

水溶液中でイオンが移動できないとすると，亜鉛極（－極）付近は，陽イオンである亜鉛イオンの濃度が高くなり，電気的に＋にかたよる。銅極（＋極）付近では，銅イオンの濃度が低くなり（その分陰イオンである硫酸イオンの濃度が高くなり），電気的に－にかたよる（④）。そうすると，－の電気を帯びた電子は－極から＋極に移動しにくくなり，電池のはたらきが低下してしまう。

また，セロハンや素焼きには，溶液がすぐに混合するのを防ぐという役割もある。硫酸亜鉛水溶液と硫酸銅水溶液が混ざってしまうと，銅イオンが亜鉛原子から直接電子を受けとってしまうため，電池のはたらきをしなくなってしまう。

④健太さんは，酸性やアルカリ性の水溶液の性質が何によって決まるのか気になった。水溶液中のあるイオンが関係しているのではないかと考えた健太さんは，下図のように，硝酸カリウム水溶液で湿らせたろ紙の中央に pH 試験紙を置き，ろ紙の両端に電圧を加えた。その後ろ紙の中央に塩酸をしみこませた細いろ紙と，水酸化ナトリウム水溶液をしみこませた細いろ紙をそれぞれ置き，変化を観察した。

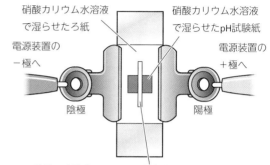

硝酸カリウム水溶液
で湿らせたろ紙

硝酸カリウム水溶液
で湿らせたpH試験紙

電源装置の
－極へ

電源装置の
＋極へ

陰極　　　　　　　　陽極

塩酸や水酸化ナトリウム水溶液をしみこませたろ紙

硝酸カリウム水溶液でろ紙と pH 試験紙を湿らせた理由は，電流が流れやすくするためである。また，この水溶液は中性であるため pH 試験紙の色の変化には影響しない。次の問いに答えなさい。

【解答・解説】――――――――――――――

(1)　塩酸の実験：結果…エ，結論…オ

水酸化ナトリウムの実験：結果…ア，結論…ク

塩酸は酸性，水酸化ナトリウム水溶液はアルカリ性である。

(2)　酸性…H^+　アルカリ性…OH^-

塩化水素（塩酸）のように，水溶液中で電離して水素イオン H^+ を生じる物質を酸という。水酸化ナトリウムのように，水溶液中で電離して水酸化物イオン OH^- を生じる物質をアルカリという。

【酸性の水溶液の性質】

●青色リトマス紙を赤色に変える。

●緑色の BTB 溶液を黄色に変える。

● pH 試験紙につけると黄色～赤色になる。

●マグネシウムリボンを入れると，水素が発生する。

　（例）塩化水素，硫酸，硝酸など

【アルカリ性の水溶液の性質】

●赤色リトマス紙を青色に変える。

●緑色の BTB 溶液を青色に変える。

● pH 試験紙につけると青色になる。

●フェノールフタレイン溶液を赤色に変える。

　（例）水酸化ナトリウム，水酸化カリウム，水酸化バリウムなど

⑤右図のように，うすい塩酸にマグネシウムリボンを入れると，気体が発生した。次の問いに答えなさい。

うすい塩酸

マグネシウムリボン

【解答・解説】────

(1) **水素**

化学反応式は次のようになる。

$$Mg + 2HCl \longrightarrow MgCl_2 + H_2$$

(2) **イ**

気体の発生を弱めるためには，酸性であるうすい塩酸を中和して試験管内を中性にすればよい。つまり，アルカリ性の水溶液を加えればよい。しかし，イの硫酸は酸性の水溶液であり，不適当である。

(3) **中和**

水素イオン H^+ と水酸化物イオン OH^- から水 H_2O が生じることにより，酸とアルカリがたがいの性質を打ち消し合う反応を中和という。

(4) $H^+ + OH^- \longrightarrow H_2O$

中和は次のように表すことができる。どんな中和反応でも，水素イオン H^+ と水酸化物イオン OH^- が反応して水 H_2O が生じることに変わりはない。

⑥下図のように，バリウムイオン Ba^{2+} が3個存在する水酸化バリウム水溶液と，水素イオン H^+ が4個存在する硫酸があるとする。次の問いに答えなさい。

水酸化バリウム水溶液

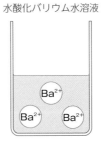

硫酸

それぞれの図では，Ba^{2+}，H^+以外のイオンは省略している。

【解答・解説】────

(1) **水酸化物イオンが6個**

水酸化バリウム $Ba(OH)_2$ は，バリウムイオン Ba^{2+} 1個に対し水酸化物イオン OH^- を2個ふくんでいる。図では，水酸化バリウム水溶液中にはバリウムイオン Ba^{2+} が3個存在するので，それに対応して水酸化物イオン OH^- が6個存在する。

(2) **硫酸イオンが2個**

硫酸 H_2SO_4 は，水素イオン H^+ 2個に対し，硫酸イオン SO_4^{2-} を1個ふくんでいる。図では，硫酸中には水素イオン H^+ が4個存在するので，それに対応して硫酸イオン SO_4^{2-} が2個存在する。

(3) Ba^{2+} **が1個，** OH^- **が2個**

水溶液をまぜると中和反応が起こり，水素イオン H^+ 1個は水酸化物イオン OH^- 1個と結びつき，バリウムイオン Ba^{2+} 1個は硫酸イオン SO_4^{2-} 1個と結びつく。どちらも，1個の陽イオンに対して1個の陰イオンが結びつくので，水溶液中にはバリウムイオン Ba^{2+} が1個，水酸化物イオン OH^- が2個残る。

(4) **沈殿の物質…硫酸バリウム**
  できた物質…塩

生じた白い沈殿は，バリウムイオン Ba^{2+} と硫酸イオン SO_4^{2-} が結びついてできた硫酸バリウム $BaSO_4$ である。このように，アルカリの陽イオンと酸の陰イオンが結びついてできた物質を塩という。

物質

一般的に，酸とアルカリの中和反応は次のように表すことができる。

酸 ＋ アルカリ ⟶ 塩＋水

塩酸と水酸化ナトリウムの中和

$$HCl \longrightarrow H^+ + Cl^-$$
$$NaOH \longrightarrow Na^+ + OH^-$$
$$HCl + NaOH \longrightarrow NaCl + H_2O$$

酸 ＋ アルカリ ⟶ 塩 ＋ 水

硫酸と水酸化バリウムの中和

$$H_2SO_4 \longrightarrow 2H^+ + SO_4^{2-}$$
$$Ba(OH)_2 \longrightarrow Ba^{2+} + 2OH^-$$
$$H_2SO_4 + Ba(OH)_2 \longrightarrow BaSO_4 + 2H_2O$$

酸 ＋ アルカリ ⟶ 塩 ＋ 水

また，イオンについて見れば，中和の反応は次のように水素イオン H^+ と水酸化物イオン OH^- から水が生じることである。

$$H^+ + OH^- \longrightarrow H_2O$$
水素イオン　水酸化物イオン　　水

(5) 理由…水酸化物イオンが残っているから。

　　加える水溶液…硫酸

　　イオン・数…水素イオン・2個

この水溶液中には，水酸化物イオン OH^- が残っているから中性ではなく，アルカリ性である。したがって，この水溶液をすべて中和するためには，酸性である硫酸を加える必要がある。

酸性の水溶液の性質には，青色リトマス紙を赤色に変えることや，緑色の BTB 溶液を黄色に変えること，マグネシウムリボンを入れると水素が発生することなどがあるが，これらの性質はすべて水溶液中の水素イオン H^+ によるものである。

アルカリ性の水溶液の性質には，赤色リトマス紙を青色に変えることや，緑色の BTB 溶液を青色に変えること，フェノールフタレイン溶液を赤色に変えることなどがあるが，これらの性質はすべて水溶液中の水酸化物イオン OH^- によるものである。

中和では，水溶液中の水素イオン H^+ と水酸化物イオン OH^- が結びついて水になる。酸とアルカリの水溶液を混ぜると，水溶液中の水素イオン H^+ と水酸化物イオン OH^- がそれぞれ減少するため，混ぜた水溶液では，酸の性質もアルカリの性質もそれぞれ打ち消し合うことになる。

水溶液中では，水素イオン H^+ と水酸化物イオン OH^- の両方が同時に存在することはなく，一方がなくなるまで中和の反応が進む。酸とアルカリの水溶液を混ぜて反応させた結果，(3)のように，水酸化物イオン OH^- の数が多ければ，水溶液中には水酸化物イオン OH^- が残り，水溶液はアルカリ性を示す。水素イオン H^+ の数が多く，水溶液中に水素イオン H^+ が残れば，その水溶液は酸性を示す。水素イオン H^+ と水酸化物イオン OH^- の数が等しいときは，すべてが水になって，水溶液は中性になる。

---

7 思考力UP さとしさんと夏菜さんは，銀と銅のイオンへのなりやすさを比べる実験を先生に見せてもらい，銀よりも銅のほうがイオンになりやすいことを理解した。実験後，さとしさんと夏菜さんは，ほかの金属でもイオンへのなりやすさにちがいがあるのかどうか疑問をもち，理科室にあった亜鉛と銅ではどちらがイオンになりやすいのかに注目することにした。このとき，さとしさんの予想と夏菜さんの予想はちがっていた。

さとしさんの予想

亜鉛のほうが銅よりもイオンになりやすいと思う。銅は金や銀と同様に，オリンピックなどのメダルに使われるぐらいだからね。亜鉛のメダルは見たことがないな。

夏菜さんの予想

銅のほうが亜鉛よりもイオンになりやすいと思う。だって，新しい 10 円硬貨は使っているうちに黒っぽくなっていくから，イオンになりやすいと思う。亜鉛のことはよくわからないけれど。

【解答・解説】

(1) ①変化しない。

②無色から青色になる。

③ア…銅原子

　イ…電子

　ウ…銅イオン

　エ…銀イオン

　オ…銀原子

硝酸銀水溶液に銅線を入れると，銅線のまわりに銀色の結晶が現れる。これは，金属の銀の結晶で，水溶液中の銀イオン Ag^+ が銀原子 Ag へと変化してできたものである。硝酸銀水溶液中の銀イオ

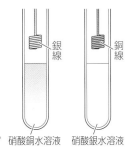

硝酸銅水溶液　硝酸銀水溶液

ン Ag^+ が次々に銀原子 Ag へと変化し連なっていくために樹木の枝がのびるように成長していく。

また，水溶液は無色透明から青色へと変化する。銅イオンをふくんだ水溶液は，銅イオンによって青色を示す。このことから，銅原子 Cu の一部が銅イオン Cu^{2+} へと変化したことがわかる。

これらの結果から，銀よりも銅の方がイオンになりやすいことがわかる。

一方，すでに銅イオンがふくまれている硝酸銅水溶液に銀線を入れても，銀は銅よりもイオンになりやすさが小さいので，銀がイオンになることはない。このため，硝酸銀水溶液に銀線を入れても銀線の金属の銀はイオンになることはなく，金属のままの状態を保つ。同時に，水溶液中の銅イオンも金属の銅原子になることはなく，銅イオンのままの状態で水溶液中に残る。したがって，硝酸銅水溶液に変化はない。ただし，硝酸銅水溶液は銅イオンがあるので，はじめから青色の水溶液である。

(2) カ…硫酸銅，キ…硫酸亜鉛

亜鉛と銅では，どちらがイオンになりやすいかを調べる実験を行おうとしている。このためには，銀と銅のイオンになりやすさを比べる実験の銀と銅を，それぞれ亜鉛と銅に置き換えた実験を行えばよい。銀と銅のイオンになりやすさを比べる実験では，銅イオンをふくむ水溶液に銀線を入れた。また，銀イオンをふくむ水溶液に導線を入れた。これらを亜鉛と銅に置き換えた実験であるから，

銅イオンをふくむ水溶液に金属の亜鉛を入れ，また，亜鉛イオンをふくむ水溶液に金属の銅を入れればよいことになる。

(3) 金属が変化した実験…実験1

名前…さとしさん

この実験は，教科書 p.127 実験 3 の一部である。教科書 p.130 に示された結果例のように，硫酸銅水溶液に亜鉛の小片を入れると，亜鉛片が変化し，赤色の固体が現れ，水溶液の青色がうすくなる。このとき，亜鉛原子が電子を失って亜鉛イオンになり水溶液中にとけ出す。一方，水溶液中の銅イオンは電子を受け取って，銅原子になる。現れた赤色の固体は銅である。

その一方，硫酸亜鉛水溶液に銅の小片を入れても，水溶液も銅の小片も変化は見られない。

このような結果になるのは，金属の種類によってイオンへのなりやすさにちがいがあるからである。亜鉛と銅では，亜鉛の方がよりイオンになりやすいため，金属の亜鉛が亜鉛イオンとなって水溶液中にとけ，水溶液中の銅イオンは金属の銅になって水溶液中からでてくる。したがって，金属片が変化したのは実験1である。このことから，さとしさんの予想が正しかったといえる。

(4) 亜鉛＞銅＞銀

硝酸銀水溶液と硝酸銅水溶液の実験から，銀よりの銅の方がイオンになりやすいことがわかった。また，(3)の実験から，銅よりも亜鉛の方がイオンになりやすいことがわかった。これをまとめると，イオンへのなりやすさの順番は 亜鉛＞銅＞銀 の順であるといえる。

(5) (例)ピンセットの金属が水溶液中でとけてイオンになり，実験に影響する可能性があるから。

金属の種類によっては，亜鉛や銅よりもイオンになりやすいものがある。金属片をはさんだピンセットが金属製であると，ピンセットごと薬品の水溶液中につけたままにすると，ピンセットの材質である金属が水溶液中でイオンになってとけ，実験に影響したり，結果がわかりにくくなると都合が悪い。このため，プラスチック製のピンセットを用いることにしたものと考えられる。

物質

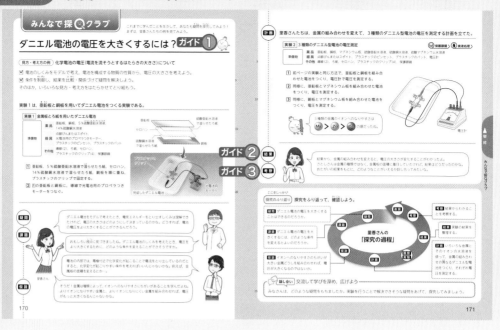

ガイド 1 ダニエル電池

　化学変化を利用して，物質がもっている化学エネルギーを電気エネルギーに変換して取り出す装置を電池(化学電池)という。本単元で学習したダニエル電池は，代表的な電池の一つである。

　ダニエル電池は，−極では硫酸亜鉛水溶液と亜鉛板を接触させ，＋極では硫酸銅水溶液と銅板を接触させることでできる。それぞれの極では，以下のような反応が起こっている。

　（−極）Zn ⟶ Zn²⁺ + 2e⁻

　（＋極）CU²⁺ + 2e⁻ ⟶ Cu

　このように，−極では亜鉛板がとけ出し電子が放出される。＋極では，−極から導線を通ってきた電子が銅イオンに供給され新たな銅が付着する。このように，−極から＋極への電子の移動が起きることで電流が生じる(電流の向きは電子の流れの向きと反対なので，＋極から−極となる)。

　また，この反応が進むと，陽イオンである亜鉛イオンが多くなる硫酸亜鉛水溶液は電気的に＋にかたよる。反対に，硫酸銅水溶液は電気的に−にかたよる。ダニエル電池では，真ん中にセロハンや素焼きを置くことで，溶液が混じらず少しずつイオンの移動ができるようになり，このかたよりが起こらないようにしている。

ガイド 2 結果　（例）

　3種類のダニエル型電池の電圧は，以下のようになった。

組み合わせ	電圧
亜鉛板と銅板	1.1 V
亜鉛板とマグネシウム板	1.6 V
銅板とマグネシウム板	2.7 V

ガイド 3 考察　（例）

　結果から，電極に用いる金属の組み合わせを変えることによって，発生する電圧が変化することが分かった。電圧が大きい順に，①銅板とマグネシウム板，②亜鉛板とマグネシウム板，③亜鉛板と銅板となった。また，3種類の金属のイオンへのなりやすさは，マグネシウム>亜鉛>銅 であった。

　金属のイオンへのなりやすさの差が最も大きい銅板とマグネシウム板の組み合わせが最も大きい電圧を生じさせた。このことから，ダニエル型電池の電圧と金属のイオンへのなりやすさには関係性があると考えた。この仮説を検証するために，次回は，金属のイオンへのなりやすさに注目しながら，他の金属も使ってダニエル型電池の電圧測定をしたい。

98

化学変化とイオン ひろがる世界

化学電池と未来

日本が世界をリードする
次世代化学電池

モバイル端末に使われる
リチウムイオン電池

リチウムイオン
電池を開発した
吉野彰博士

電池の回路革新とともに
性能が向上する電気自動車

電気自動車の
充電のようす

ロボットなどへの
さらなる応用も期待

ひろがる世界

リチウムイオン電池 ガイド ❶

全固体リチウムイオン電池 ガイド ❷

全固体リチウムイオン電池の試作機

お仕事ラボ

世界をリードする
日本の次世代電池開発

全固体リチウムイオン電池の
開発者の朝□さん

172　　173

物質

解説　一次電池と二次電池

　この単元では，化学エネルギーを電気エネルギーに変換する装置として，電池（化学電池）について学習した。特に，金属のイオンへのなりやすさを利用して電流を生み出すダニエル電池に注目してきた。

　ところで，ダニエル電池は一度使うと再利用することができない一次電池である。教科書 p.139 で学習したように，電池には，充電できない一次電池と充電して再利用可能な二次電池の 2 種類がある。二次電池は，充電池ともよばれ，鉛蓄電池やリチウムイオン電池，ニッケル水素電池といった種類がある。

　その中でも，パソコンやスマートフォンといった機器に欠かせないのがリチウムイオン電池である。リチウムイオン電池は，小型・軽量なうえ，何度でも充電できる二次電池の特徴を生かして，様々な場所で活用されている。

ガイド ❶　リチウムイオン電池

　リチウムイオン電池は，1980 年代頃に吉野彰博士によって開発された電池である。当時は，パソコンや携帯電話などの開発が始まり，小型・軽量でかつ高容量の二次電池の開発が望まれていた。吉野博士は，＋極と−極に用いる物質についての研究を重ねて，リチウムイオン電池の発明に成功したのである。その功績により，吉野博士は 2019 年にノーベル化学賞を受賞している。リチウムイオン電池は，

日本発の次世代を担う電池なのである。

ガイド ❷　全固体リチウムイオン電池

　全固体リチウムイオン電池は，リチウムイオン電池がかかえる課題を克服することを目指して開発が行われている電池である。その特徴を，リチウムイオン電池と比較しながら見ていこう。

　第一に，全固体リチウムイオン電池は，電解質に固体の不燃性物質を用いている。従来，リチウムイオン電池は，液もれや発火の危険があり，その安全性が課題となっていた。そこで，セラミックなどの不燃性物質を使うことで，電池の安全性を高める試みがなされている。

　第二に，全固体リチウム電池はリチウムイオン以外の物質が電解質に混在することを防いでいる。リチウムイオン電池の電解質溶液には，リチウムイオン以外の陰イオンや分子が混在していた。全固体リチウム電池は，固体の電解質を用いているため，リチウムイオン以外の物質が混在することを防ぐことができ，これにより，長寿命やエネルギー効率の向上を期待することができる。

99

ガイド ① 学びの見通し

1章 力の合成と分解
2章 物体の運動
3章 仕事とエネルギー
4章 多様なエネルギーと　その移り変わり
5章 エネルギー資源と　その利用

学ぶ前にトライ！

学んだ後にリトライ！
この単元を学習した後で，あなたの考えはどのように変わるかな？

運動とエネルギー

エネルギー

174　175

ガイド ① 学びの見通し

　本単元では，物体の運動とエネルギーについて学習する。それらに関しての観察・実験を行い，力や圧力，仕事，エネルギーについて，日常生活や社会と関連づけながら理解するとともに，それらの観察・実験などに関する技能を身につけることが本単元の目標である。

　第1章では，力の合成と分解を学習する。ここでは，日常生活で目にする現象を関連づけながら，それらにはたらいている様々な力を合成・分解して，理解することが目標である。具体的には，まず，水中の物体にはたらく力について，水中の物体には水圧や浮力がはたらくことを学習する。そして，力の合成・分解について，観察・実験を行い，その結果から合力や分力の規則性（力の平行四辺形の法則）を学習する。

　第2章では，物体の運動について学習する。ここでは，観察・実験を通して，物体にはたらく力と物体の運動のようす，物体に力がはたらくときの運動とはたらかないときの運動についての規則性を理解することが目標である。例えば，物体の運動には速さと向きの要素があること，等速直線運動や斜面上での物体の運動，慣性の法則，作用・反作用の法則について学習する。

　第3章では，仕事とエネルギーについて学習する。ここでは，観察・実験を通して，仕事とエネルギーの関係，位置エネルギーと運動エネルギーの関係，力学的エネルギーの保存の法則について理解することが目標である。例えば，道具を使った仕事についての実験から，仕事の原理や仕事率について学習する。また，物体の衝突実験から，物体のもつエネルギーと高さや質量の関係，および物体のもつエネルギーと速さや質量の関係について学習する。

　第4章では，多様なエネルギーとその移り変わりについて学習する。ここでは，生活の中にある多様なエネルギーについてまとめ，エネルギーの変換の前後でエネルギーの総量は保存されること，変換の際に一部のエネルギーは利用目的以外のエネルギーに変換されることを，日常生活や社会と関連づけて理解することが目標である。また，熱エネルギーについて，具体的な体験や身のまわりの器具と関連づけながら，熱の移動の種類には，熱伝導や対流，熱放射があることも学習する。

　第5章では，エネルギー資源とその利用について学習する。ここでは，エネルギー資源の安定な確保と有効利用が重要であること，天然の物質や人工的につくられた物質が広く利用されていることを学習する。例えば，発電方式のちがいをとり上げてそれぞれの発電方法の長所と短所を学習する。また，科学技術の発展の負の側面にも着目して，化石燃料への依存の問題，放射性物質の問題，将来のエネルギー資源の問題についても学習する。

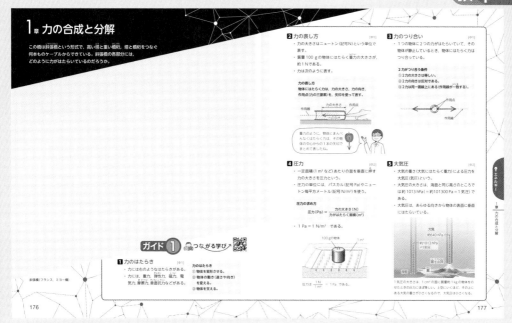

ガイド 1　つながる学び

1 力のはたらき

- 重力

  地球や月などが物体をその中心に向かって引く力を重力という。地球の力は、地球上の物体すべてにはたらく。

- 弾性力(弾性の力)

  ばねやゴムなど、変形した物体がもとにもどろうとして生じる力を弾性力(弾性の力)という。

- 磁力(磁石の力)

  磁石のN極とS極を近づけると引き合い、N極とN極、S極とS極を近づけるとしりぞけ合う。この力を、磁力(磁石の力)という。

- 電気力(電気の力)

  静電気の間にはしりぞけ合う力や引き合う力がはたらく。この力を、電気力(電気の力)という。

- 摩擦力

  物体が動こうとするとき、動こうとする向きと反対向きに、ふれ合う面からはたらく力を摩擦力という。

- 垂直抗力

  物体が接している面から、面に対して垂直にはたらく力を垂直抗力という。

2 力の表し方

- 作用点(物体に力がはたらく点)を「・」ではっきりと示す。

- 力の矢印は、作用点から力がはたらいている向きにかく。

- 力の矢印の長さは、力の大きさに比例させる。

3 力のつり合い

　1つの物体に2つ以上の力がはたらいていて、物体が静止しているとき、物体にはたらく力はつり合っているという。

　2力がつり合う条件のうち、どれか1つでも欠けると、2力はつり合わないので、物体が動く。また、2力がつり合っているとき、2力がつり合う条件から、一方の力がわかるともう一方の力も知ることができる。

4 圧力

　一定面積(1 m² など)あたりの面を垂直に押す力の大きさを圧力という。

　例えば、大きさ 100 N の力が 2 m² の面積にはたらくときの圧力は、

$$圧力〔Pa〕＝\frac{力の大きさ〔N〕}{面積〔m^2〕}$$　より、

$$圧力＝\frac{100\ N}{2\ m^2}＝50\ Pa$$

5 大気圧

　大気の重さによって生じた面を押す力のはたらきも、圧力で表すことができる。大気による圧力を大気圧(気圧)という。地表付近での大気圧は約 10 万 Pa と大きいため、その単位はヘクトパスカル(記号 hPa)で表す。

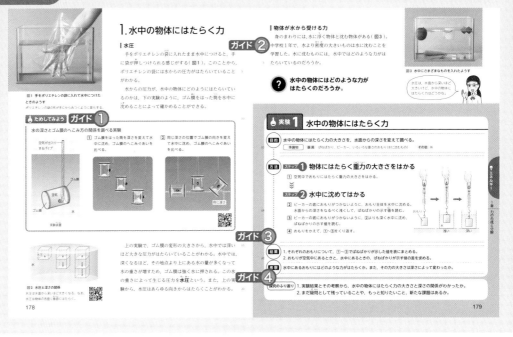

テストによく出る
重要用語等

□水圧

ガイド 1 ためしてみよう

　水からの圧力が，水中の物体にどのようにはたらいているのかは，ゴム膜をはった筒を水中に沈めることによって確かめることができる。

1 深さを変える

　ゴム膜をはった筒を深さを変えて沈めると，教科書 p.178 にあるように，深さが深いほどゴム膜は大きくへこみ，大きな圧力をうけているのがわかる。このことから，水圧は，深ければ深いほど，大きくなることがわかる。これは，海面に近づくほど大気圧が大きくなる（上空にいくほど大気圧は小さくなる）のと同じことである。

2 向きをかえる

　ゴム膜をはった筒を向きを変えて沈めると，教科書 p.178 にあるように，同じ深さでは同じへこみ具合であることがわかる。また，どんな向きでも，ゴム膜がはられている向きと垂直にゴム膜がへこんでいることがわかる。このことから，水圧は，あらゆる向きから物体に対して垂直にはたらくことがわかる。

ガイド 2 密度

　物質 1 cm³（単位体積）あたりの質量を密度という。

$$物質の密度〔g/cm^3〕＝\frac{物質の質量〔g〕}{物質の体積〔cm^3〕}$$

　物体が液体に浮くか沈むかは，その物質の密度が，液体の密度より小さいか，大きいかで決まる。水の密度は 1.00 g/cm³ である。物体が水に浮くかどうかは，その物体の密度が 1.00 g/cm³ より小さいか大きいかで決まる。

ガイド 3 結果

1. （例）

	ばねばかりが示す値〔N〕	
	おもりA	おもりB
1 空気中	0.57	1.08
2 水中（浅い）	0.17	0.69
3 水中（深い）	0.17	0.69

2. （例）おもりA：0.57 N−0.17 N＝0.40 N
　　　　おもりB：1.08 N−0.69 N＝0.39 N
　　ばねばかりが示す値の差は，水中のおもりにはたらく，上向きの力の大きさである。

ガイド 4 考察（例）

　水中のほうが空気中よりも，ばねばかりが示す値が小さいことから，水中にある物体には，重力のほかに，重力と反対向きの力がはたらいていると考えられる。また，ばねばかりの値は，水面から浅いところでも，水面から深いところでも変化しなかった。よって，この力の大きさは深さに関係しないことがわかる。

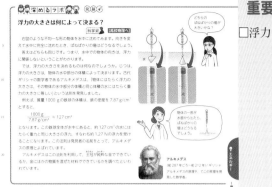

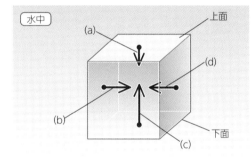

テストによく出る
重要用語等

□浮力

テストによく出る❗

- 🟦 **水圧** 水の重さによって生じる圧力を水圧という。水圧は，水面から深いほど大きくなる。
- 🟦 **浮力（ふりょく）** 水中で物体にはたらく上向きの力を浮力という。浮力の大きさは，深さには関係しない。

ガイド❶ 考えてみよう

　水圧はあらゆる向きからはたらき，その大きさは水面から深いほど大きくなる。しかし，水圧は一定面積あたりの面を垂直に押す力の大きさ（圧力）であり，実際に物体にはたらく力は別に求める必要がある。このとき，水中にある物体にはたらく力は，力＝水圧×面積で求めることができる。

　教科書 p.180 図5 では，立方体の物体にはたらく水圧と力がかかれている。この図から，水圧と浮力の関係を考えよう。

　この物体の各面の面積は等しい。よって，この物体にはたらく力は各面にかかる水圧の大きさのちがいによって比べることができる。水圧の大きさのちがいは，水面からの深さのちがいであり，深ければ深いほど水圧は大きくなる。

　まず，物体の側面にはたらく力(b)と力(d)について，すべての側面の水面からの深さが等しいので，側面にかかる水圧は等しいといえる。このとき，力(b)と力(d)は2力がつり合う条件を満たしている（2力の大きさは等しく，向きは反対で，同一直線上にある）。よって，この物体は水平方向には動かない。

　次に，物体の上面と下面にはたらく力(a)と力(c)については，水面からの深さは上面より下面のほうが深いので，かかる水圧は下面のほうが大きいといえる。上面と下面の面積は等しいので，これは力(c)のほうが，力(a)よりも大きいことを意味する。この力(a)と力(c)の差が，浮力である。

　物体を水面よりさらに深くに沈めると，上面と下面にかかる水圧はさらに大きくなる。しかし，上面と下面にかかる水圧は同じ分だけ大きくなるため，力(a)と力(c)の差は変化しない。このため，浮力の大きさは深さには関係しない。

　これらのことは，物体が立方体ではなくても同時に考えることができる。

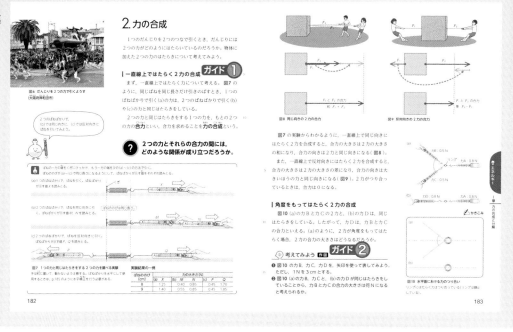

ガイド 1 　一直線上ではたらく2力の合成

　2つの力と同じはたらきをする1つの力を，もとの2つの力の合力といい，合力を求めることを力の合成という。力の合成は，合力の大きさと向きをそれぞれ考えると分かりやすい。

(a)一直線上で同じ向きにはたらく合力

　一直線上で同じ向きにはたらく2力を合成すると，合力の大きさは2力の大きさの和(足し算)になり，合力の向きは2力と同じ向きになる。例えば，2NのF_1と3NのF_2の合力は5Nとなり，その向きはF_1，F_2と同じ向きになる。

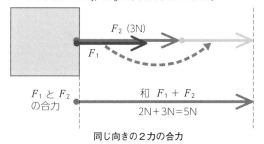

同じ向きの2力の合力

(b)一直線上で反対向きにはたらく合力

　一直線上で反対向きにはたらく2力を合成すると，合力の大きさは2力の大きさの差(引き算)になり，合力の向きは大きい方の力と同じ向きになる。例えば，2NのF_1と3NのF_2の合力は1Nとなり，その向きはF_2と同じ向きになる。

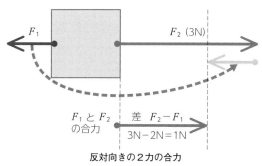

反対向きの2力の合力

　また，2力がつり合っている状態は，2力が合成されて合力が0になった場合であると考えることができる。

ガイド 2 　考えてみよう

①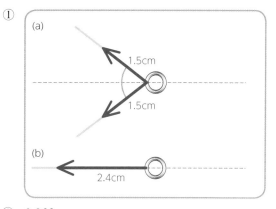

② 0.8 N

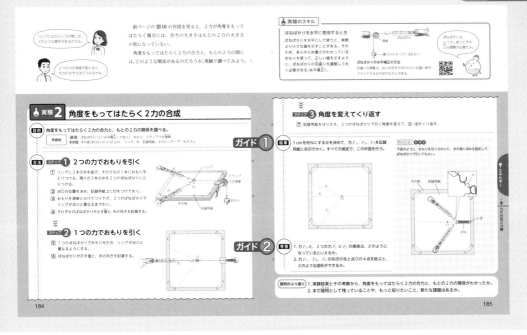

ガイド 1 結果(測定例)

(a)
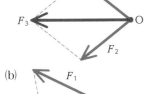

(b)
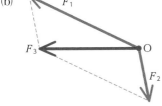

(c)
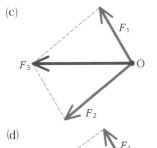

(d)
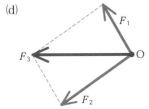

ガイド 2 考察

1.　力 F_1 と F_2 の大きさは角度によりいろいろ変わるが，いずれの場合も，力 F_1 と F_2 の合力は F_3 と等しい。

2.　力 F_1，F_2，F_3 の矢印の先と点Oの4点を結ぶと，力 F_1 と F_2 をとなりあう2辺，F_3 を対角線とする平行四辺形になる。

解説 ばねばかり

　ばねばかりは，つるまきばねののびが，つるした物体の重さに比例することを利用している。

　つるまきばね自体にも重さがあり，その分だけばねはのびる。そののびを考慮して，0の目盛りが調整されている。したがって，ばねばかりを水平方向で用いる場合は，0点調節ねじを回して，0の目盛りを調節すること(水平補正)が必要になる。

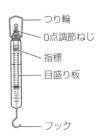

　つり輪
　0点調節ねじ
　指標
　目盛り板
　フック

テストによく出る
重要用語等

□力の平行四辺形
　の法則

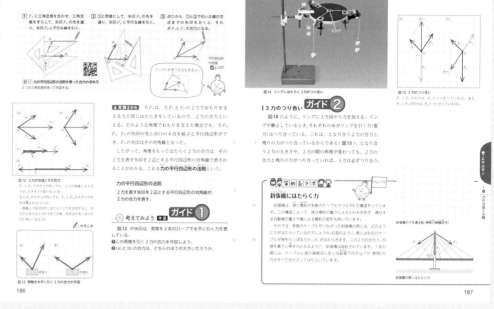

テストによく出る🔍

◆ **力の平行四辺形の法則**　角度をもってはたらく2力の合力は、その2力を表す2辺とする平行四辺形の対角線で表される。

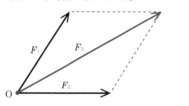

ガイド1　考えてみよう

❶
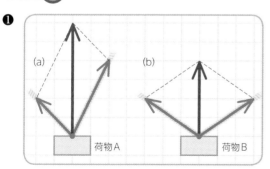

(a)　　　(b)

荷物A　　　荷物B

❷　合力の大きさは、合力の矢印の長さで表されるから、(a)の合力のほうが大きいといえる。

ガイド2　3力のつり合い

静止している物体に、2力 F_1、F_2 がはたらき、この2力以外の力がはたらいていなければ、物体はこの2力の合力の向きに動き出す。

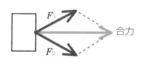

合力

しかし、F_1 と F_2 の合力と逆向きに、F_1 と F_2 の合力の大きさと等しい力 F_3 がはたらいていると、物体は静止したまま、動かない。

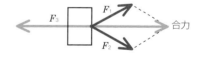

合力

これは、F_1 と F_3 の合力、あるいは F_2 と F_3 の合力を考えても同じである。

つまり、3つの力がつり合っているときは、どの2つの力の合力も、残りの1つの力と向きは逆で、大きさは等しくなっている。

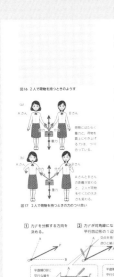
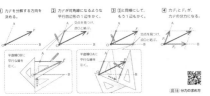

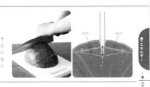
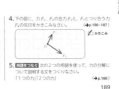

テストによく出る
重要用語等

□力の分解
□分力

ガイド❶　力の分解

　物体を2人で持って支えている状態とは，2人が物体を引く力F_1とF_2の合力Fと，物体にはたらく重力F_3とがつり合っている状態である。

　逆に考えると，物体にはたらく重力F_3とは，向きが逆で大きさは等しい力Fが，2つの力F_1とF_2に分かれているとも考えることができる。

　このように，ある1つの力を同じはたらきをする2つの力に分けることを，力の分解という。分解した力を，もとの力の分力という。

　ある力を2つの力に分解する方法は無数にあり，1通りには決まらない。しかし，分解する2つの方向が決まれば，分力の大きさはただ1通りに決まる。また，1つの分力の大きさと向きが決まれば，もう1つの力の大きさと向きも1通りに決まる。

ガイド❷　考えてみよう

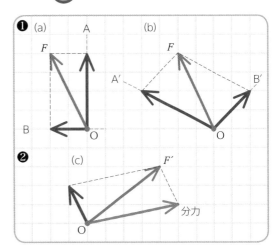

ガイド❸　基本のチェック

1.　水圧
2.　(例)水中で物体にはたらく重力と反対向きの力のこと。
3.　$10\,\mathrm{N}\,(50\,\mathrm{N}-40\,\mathrm{N}=10\,\mathrm{N})$
4.

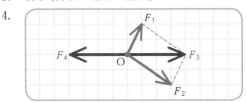

5.　(例)1つの力を，これと同じはたらきをする2つの力に分けること。

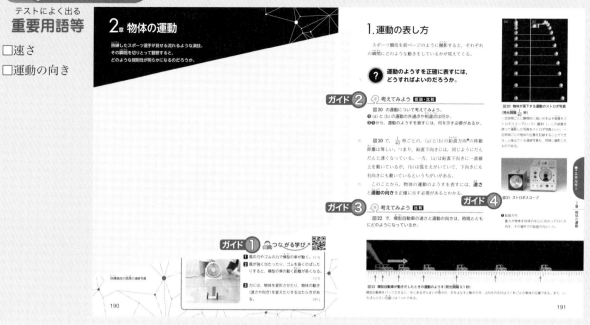

ガイド **1** つながる学び

1　帆をつけた車は風を受けたときに動いた。輪ゴムで動く車は，のばしたゴムがもとにもどるときの力で動いた。

2　風が強くなるほど，ゴムを長くのばすほど，模型の車は動く距離は長くなった。

3　力のはたらき

①　物体を変形させる。

②　物体の動き（速さや向き）を変える。

③　物体を支える。

ガイド **2** 考えてみよう

❶　共通点　$\frac{1}{40}$ 秒（0.025 秒）ごとに鉛直方向に動いた距離はふえているが，そのふえ方は(a)と(b)で同じである。

相違点　(a)が鉛直方向だけの運動であるのに対し，(b)は鉛直方向以外に，水平方向の運動もある。

❷　運動のようすを表すには，一定の時間にどれだけ，どの向きに移動するか，すなわち速さと運動の向きを示す必要がある。

ガイド **3** 考えてみよう

　0.1秒ごとの間隔は次第に大きくなっている。つまり，模型自動車は，時間の経過とともに速さは大きくなりながら，向きを変えずに運動している。

ガイド **4** ストロボスコープ

　ストロボスコープは，一定時間ごとに瞬間的に強い光を発し，発光の間隔は変えられる。回転している物体や振動している物体に照射して，物体の運動を観測する。物体が静止している画像が観測できれば，物体の運動の周期とストロボスコープの発光の周期が等しいことになる。これによって，物体の回転速度や振動周期が測定できることになる。

　この装置を使って，一定時間ごとに撮影した写真をストロボ写真という。このストロボ写真により，物体が一定時間に移動した距離の変化や，物体の運動のようすを調べることができる。野球では，ピッチングフォームやバッティングフォームの分析やチェックなどに利用されているが，他のスポーツでもフォームの分析などに利用されている。

　なお，ストロボ写真は，屋内や，夜間に屋外でフラッシュをたいて撮影写真をさすこともある。

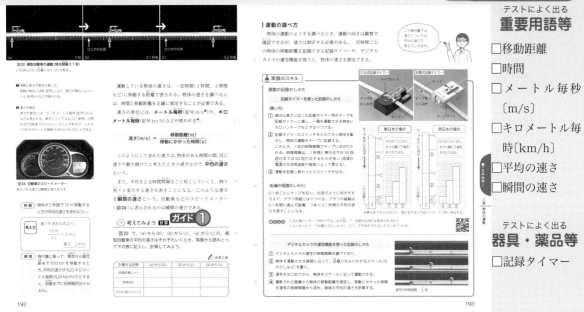

ガイド 1 考えてみよう

　移動距離は教科書 p.192 図23 の写真の目盛りから読みとることができる。また，写真の発光間隔が0.1秒ごとなので，(a)から(b)，(b)から(c)の移動にかかった時間は，それぞれ0.1秒である。

$$速さ〔m/s〕 = \frac{移動距離〔m〕}{移動にかかった時間〔s〕}$$

なので，それぞれ(a)から(b)，(b)から(c)，(a)から(c)の模型自動車の平均の速さを計算することができる。

　ここでは，速さの単位が cm なので，

$$速さ〔cm/s〕 = \frac{移動距離〔cm〕}{移動にかかった時間〔s〕}$$

を使って求める。

計算する区間	(a)から(b)	(b)から(c)	(a)から(c)
移動距離〔cm〕	7	9	1.6
時間〔秒〕	0.1	0.1	0.2
平均の速さ〔cm/s〕	70	90	80

テストによく出る❗

● **速さ**　一定時間(1秒間，1時間など)に移動する距離を速さという。
　速さは，次式で求められる。

$$速さ〔m/s〕 = \frac{移動距離〔m〕}{移動にかかった時間〔s〕}$$

● **速さの単位**　速さの単位には，メートル毎秒(記号 m/s)，キロメートル毎時(記号 km/h)，センチメートル毎秒(記号 cm/s)などがある。
　なお，s は second(秒)，h は hour(時間)の頭文字である。

● **平均の速さと瞬間の速さ**　例えば，自動車で200 km の道のりを5時間で走行したときの速さは40 km/h と計算により求められる。しかし，実際には，60 km/h で走行した区間も，30 km/h で走行した区間も，渋滞で停止したままの時間もあったかもしれない。このようなことを無視して，ある距離を，同じ時間に同じ距離だけ進む一定の走り方をしたものとして求めた速さを平均の速さという。これに対し，ある時刻において，その前後のきわめて短い時間に移動した距離から求めた速さを，瞬間の速さという。つまり，時々刻々と変化する速さを表したものが瞬間の速さである。

エネルギー

109

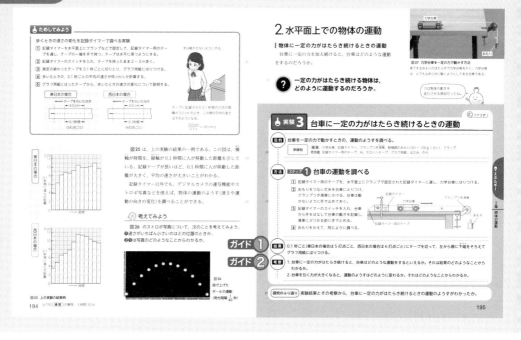

ガイド 1　結果

　東日本の場合は，教科書 p.196 図 28 の上の 2 つの図，西日本の場合は，下の 2 つの図になる。

　実験した(記録タイマーを使った)ところの交流電流が 50 Hz か 60 Hz かは，東日本か西日本かで異なる。

　東日本と西日本のどちらの場合でも，となり合うテープの長さの差を比べてみると，となり合うどのテープの長さの差も同じになっていることに気づく。差が異なる場合は，テープを切る場所をまちがえている可能性があるのでよく確かめよう。

　結果は，教科書 p.196 図 28 のようにテープが階段状にならび，おもりの重さによって階段の高さ(テープの長さ)が変化する。

ガイド 2　考察

1.　グラフ用紙において，となり合ったテープの長さの差がほぼ一定になっている。よって，台車に一定の力がはたらき続けると，台車は速さが一定の割合で大きくなる運動をするといえる。

2.　グラフ用紙において，おもりが軽いときよりも重いときのほうがテープの長さの差が大きい。よって，台車にはたらく力が大きくなると，速さのふえ方が大きくなるといえる。

解説　記録タイマー

　記録タイマーは，電磁石や電気火花の放電によって，テープに打点する機械である。交流電流の周期を利用してテープに打点するので，周波数が 50 Hz の交流電流を用いている東日本では，1 秒間に 50 回の打点，周波数が 60 Hz の交流電流を用いている西日本では，1 秒間に 60 回の打点が打たれることになる。したがって，東日本では 5 打点で 0.1 秒，西日本では 6 打点で 0.1 秒ということになる。

　記録タイマーを用いて，物体の運動を記録するのは次のようにする。

　記録用のテープの端を，運動させる物体に固定し，記録タイマーのスイッチを入れてから，物体を運動させる。

　テープに打たれた打点は，はじめの部分は重なりあって読みとりにくいので，打点が明確に区別できるところから記録を読みとるようにする。

　東日本では 5 打点(西日本では 6 打点)間のテープの長さは，物体が 0.1 秒間に進んだ距離を表す。したがって，例えば，0.1 秒分の長さが 3.0 cm のとき，物体の速さは，

$$\frac{3.0\ \text{cm}}{0.1\ \text{s}} = 30\ \text{cm/s}$$

となる。

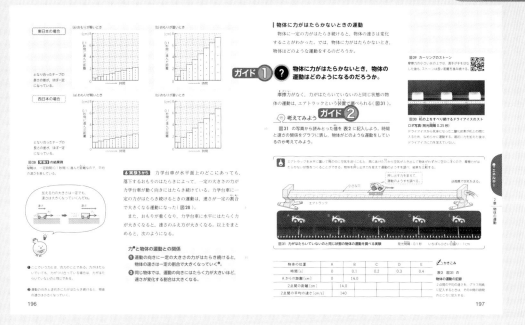

テストによく出る⚠

📦 力と物体の運動との関係

- 運動の向きに力がはたらき続けると，物体の速さは大きくなっていく。
- 運動の向きと反対向きに力がはたらき続けると，物体の速度は小さくなっていく。
- 同じ物体では，はたらく力の大きさが大きいほど，速さが変化する割合は大きくなる。

ガイド❶　学習の課題

　物体に力がはたらかないとき，運動している物体の速さは変化しない。運動している物体は運動し続け，静止している物体は静止し続ける。

ガイド❷　考えてみよう

物体の位置	A	B	C	D	E
時間〔s〕	0	0.1	0.2	0.3	0.4
Aからの距離〔cm〕	0	14.0	28.0	42.0	56.0
2点間の距離〔cm〕		14.0	14.0	14.0	14.0
2点間の平均の速さ〔cm/s〕		140	140	140	140

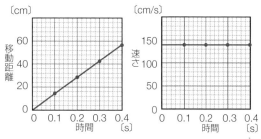

　エアトラックは，空気によって物体が空中に浮かぶので，摩擦力がはたらかない状態をつくり出すことができる。このようなとき，はじめに加えた力によって，物体は，一定の速さで運動し続ける。

エネルギー

111

テストによく出る
重要用語等

□等速直線運動
□慣性の法則
□慣性
□摩擦力

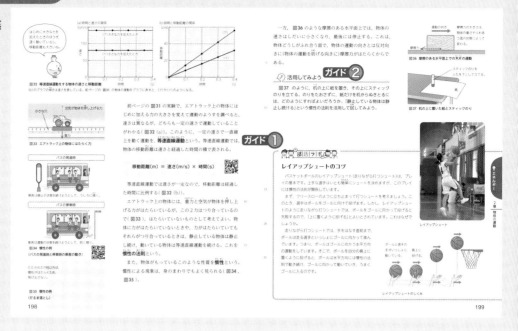

ガイド 1 　等速直線運動

教科書 p.197 図 31 の実験のように，運動している途中で物体に力がはたらかないときは，物体にはじめに加えた力によって，物体は一定の速さで運動し続ける。このように，一定の速さで一直線上を動く運動を等速直線運動という。このとき，経過した時間と移動した距離との関係をグラフにすると，原点を通る直線となる。つまり，等速直線運動では，物体の移動距離は，経過した時間に比例する。

移動距離〔m〕＝速さ〔m/s〕×時間〔s〕

このように，物体に力がはたらかないときは，物体は，静止または等速直線運動を続ける。これを慣性の法則という。また，物体がもつこのような性質を慣性という。

なお，慣性の法則は，17 世紀後半に，イギリスの物理学者ニュートンによってまとめられた運動の法則の 1 つである。

ガイド 2 　活用してみよう

ゆっくりと紙をぬきとった場合，摩擦力によりスティックのりは倒れてしまう。慣性の法則を利用するためには，紙を素早くぬきとる必要がある。素早くぬきとることで，のりは紙といっしょに動かず，慣性の法則にしたがい，その場に静止し続ける。

解説 摩擦力

一般に，物体どうしがふれ合う面では，物体の運動をさまたげる向きに力がはたらく。このような運動をさまたげる力を摩擦力という。

解説 慣性

例えば，「慣性」には次のようなものがある。

● エレベーターに乗ると，上昇するときは，体が床に押しつけられる感じを受け，下降するときは，体が浮き上がるような感じを受ける。

● 一定の速さで走っていた自動車がカーブにさしかかると，体がカーブの外側に投げ出されるような感じを受ける。

● ダルマ落としで，打ちぬかれた段よりも上の段は真下に落ちる。

● 食器を置いたテーブルクロスをすばやく引きぬくと，食器がテーブルの上に残る。

ダルマ落とし

● フィギュアスケートのスピンでは，途中で力を加えなくても回り続ける。

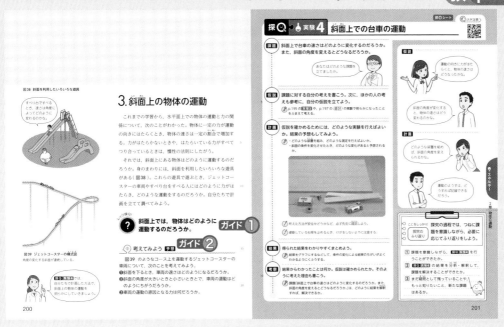

ガイド 1 学習の課題

　斜面に置いた台車には，重力Fがはたらいている。この力は，斜面に垂直な分力F_1と斜面に平行な分力F_2に分解できる。また，台車には，斜面から，F_1と同じ大きさで向きが反対の垂直抗力Nがはたらいているので，F_1は物体の運動に関係しない。斜面に置いた台車は，手をはなすと，斜面に沿って下向きに動きはじめ，次第に速さをます。この運動は，斜面に平行な分力F_2によって起こると考えられる。

　斜面の傾きを大きくすると，重力Fの大きさは変わらないが，F_1やNは小さくなり，F_2は大きくなる。台車を斜面に沿って下に引く力が大きくなるので，台車の速さのふえ方は大きくなる。

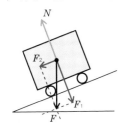
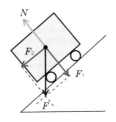

　斜面の傾きをさらに大きくし，斜面の角度を90°にすると，斜面に垂直な分力F_1も垂直抗力Nも大きさは0になり，台車に加わる力はF_2だけになる。このとき，F_2は重力Fと等しくなる。そして，物体は真下に落下するが，このような運動を自由落下という。斜面の角度を90°にすることは，斜面がないのと同じことであるから，空中で物体の支えをとることと同じであり，この場合も自由落下という。

　以上から，物体の自由落下のときにはたらく力は重力であり，物体の自由落下の運動方向は鉛直方向下向き（重力の方向と同じ）であり，物体の速さは次第に大きくなる。

ガイド 2 考えてみよう

❶ 斜面を下るとき，物体の速さはだんだんと大きくなる。

❷ 斜面の角度が大きいときは，斜面の角度が小さいときに比べて，物体はより速さのふえ方が大きくなる。

❸ 斜面を下るときに速さが大きくなるということは，物体に下向きの力がはたらいているからであるといえる。よって，物体の運動の原因となるのは重力であると予想できる。

エネルギー

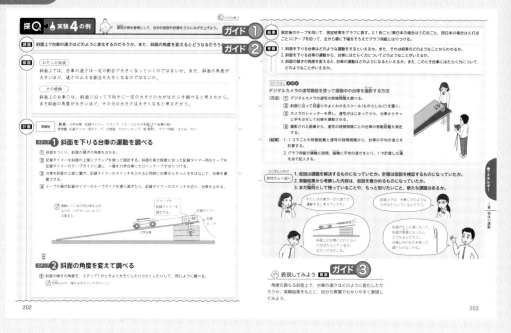

ガイド 1　結果

例（東日本の場合）

(a)　斜面がゆるやかなとき

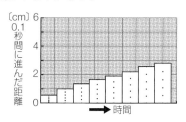

(b)　斜面が急なとき

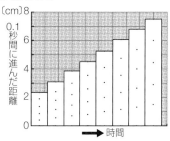

ガイド 2　考察

1.　斜面の傾き方がゆるやかでも急でも，0.1秒間に進んだ距離（きょり）が一定の割合で大きくなっていることから，斜面を下りる台車の運動は，速さが一定の割合（わりあい）で大きくなる運動といえる。

2.　この運動では，教科書 p.195 実験3のように，速さが一定の割合で大きくなる。よって，この台車には斜面に平行で下向きに同じ大きさの力がはたらき続けているといえる。

3.　斜面が急になると，速さのふえ方が大きくなる。つまり，斜面が急なほど，台車にかかる斜面に平行で下向きの力が大きいことがわかる。

ガイド 3　表現してみよう

斜面の角度を変えると台車の速さはどのように変化するのかを確かめるために，(a)斜面がゆるやかなとき，(b)斜面が急なとき，というように斜面の角度を変えて，台車の運動を調べた。

結果から，斜面が急なときのほうが，速さのふえ方が大きくなることがわかった。台車が運動しはじめてから，時間がたつにつれて，その差は大きくなっていった。

これは，教科書 p.195 実験3において，台車を引くおもりを重くすると，台車の速さのふえ方が大きくなったのと同じである。

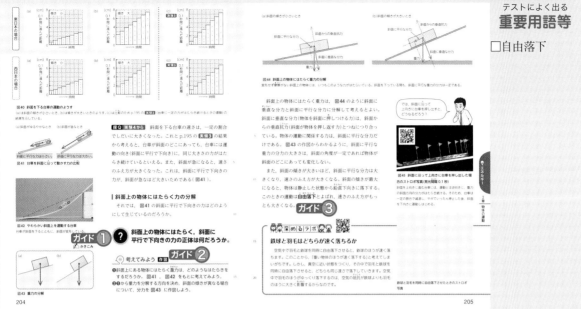

ガイド 1　学習の課題

　教科書 p.188 では，力の平行四辺形の法則を利用して力の分解をする方法を学習した。ここでは，斜面上の物体にかかる重力を，斜面に垂直な分力と斜面に平行な分力に分解して考える。

　ここで，斜面に垂直な分力は，斜面からの垂直抗力とつり合っている。一方，斜面に平行な分力は，物体が斜面上にある限り物体にはたらき続ける。これが，台車を動かす，斜面に平行で下向きにはたらく力の正体である。

斜面の傾き	小さいとき	大きいとき
物体にはたらく重力	一定	
斜面に平行な分力	小さい	大きい
斜面に垂直な分力	大きい	小さい

ガイド 2　考えてみよう

❶ 　教科書 p.204 図41，42 より，斜面上にある物体にはたらく重力は，物体を動かす力としてはたらいていると考えられる。

❷

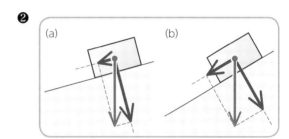

ガイド 3　自由落下

　物体が静止した状態から鉛直下向きに落下するときの運動を自由落下という。物体が自由落下しているとき，物体にはたらく力は重力である。自由落下しているとき重力の大きさは変化しないため，物体には同じ大きさの力がはたらき続ける。そのため，自由落下する物体の速さは，一定の割合でしだいに大きくなる。

　どんな物体も，自由落下においては同じ速さで鉛直下向きに落下する。羽毛や紙などの軽いものを落下させるとゆっくり落ちることがあるが，これは空気抵抗によるものである。パラシュートなどのように，質量に対して幅が大きいものは，空気抵抗を受けやすい。しかし，そのような物体も，真空にした容器の中ではどれも同じように落下する。

エネルギー

テストによく出る
重要用語等

□作用
□反作用
□作用・反作用の
　法則

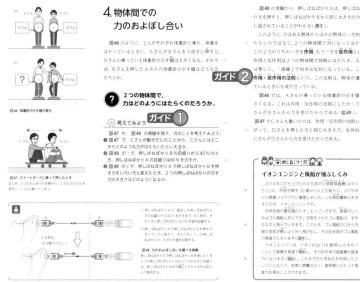

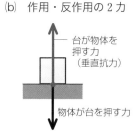

ガイド 1　考えてみよう

❶　CさんがDさんを押したとき，CさんからDさんに力がはたらいたのと同時に，DさんからCさんにも，Dさんを押した力と同じ大きさで反対向きの力がはたらいたといえる。

❷　0.40 N

❸　2つの押しばねばかりが示す力の大きさは，必ず同じ大きさになる。

ガイド 2　作用・反作用の法則

　物体Aから物体Bに力がはたらくと，同時に物体Bから物体Aに力がはたらく。一方の力を作用といい，もう一方の力を反作用という。物体Aから物体Bにはたらく力を F，物体Bが物体Aにはたらく力を F' とすると，力 F と F' は同一直線上にあり，大きさは等しく，向きは反対である。これを，作用・反作用の法則という。

　この作用・反作用の法則は，ニュートンがまとめた運動の法則の1つであり，重要な自然科学の基本法則の1つになっている。

解説　「つり合っている2力」と「作用・反作用の2力」の区別

　水平な台の上に置かれた物体には，鉛直下向きの重力，鉛直上向きの台からの垂直抗力がはたらき，この重力と垂直抗力は大きさが同じで，向きが反対であることはすでに学習した（図(a)）。

　一見すると，物体にはたらく重力と，物体が受ける垂直抗力は作用・反作用の関係にあると思われるが，つり合っている2力と，作用・反作用の2力にはちがいがある。

　つり合っている2力は1つの物体にはたらく力の関係であるのに対し，作用・反作用の2力は，2つの物体に別々にはたらく力の関係であるからである。

(a)　つり合いの2力　　(b)　作用・反作用の2力

台が物体を押す力（垂直抗力）
物体にはたらく重力
台が物体を押す力（垂直抗力）
物体が台を押す力

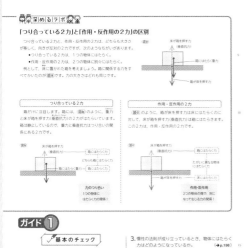

ガイド 1 　基本のチェック

1. 平均の速さ

2. (例)物体に対し，運動の向きに一定の力がはたらき続けるとき，物体の速さは一定の割合で大きくなる。

3. (例)力はつり合っているか，力がはたらいていない。

4. 静止している物体：静止し続ける

   運動している物体：等速直線運動を続ける

5. (例)力はある物体からほかの物体に一方的にはたらくのではなく，2つの物体間で対になってはたらく。作用と反作用は2つの物体間で同時にはたらき，大きさは等しく，一直線上で向きは反対になる。

ガイド 2 　つながる学び

てこを使ってものを持ち上げるためには，支点から力点までの長さが長いほど，支点から作用点までの長さが短いほどよい。

また，実験用てこのうでがつり合っているとき，左右のうでで，(おもりの重さ)×(支点からの距離)の積が等しいことを学習した。

ガイド 3 　考えてみよう

10 kg の荷物を 0.5 m まで持ち上げるのも，5 kg の荷物を 1 m 持ち上げるのも，5 kg の荷物を 0.5 m まで持ち上げる動作に分けて考えてみる。その動作を同時に2つ分行うか，2回続けて行うかということになり，どちらもその動作を2回行うことと同じであると考えられる。よって，ここでは(a)，(b)どちらも同じぐらいたいへんであると考えられる。

テストによく出る

🔵 **仕事**　物体に力を加えて，その力の向きに物体を動かしたとき，力は物体に対し仕事をしたという。仕事の大きさは，物体に加えた力の大きさと，その力の向きに物体が動いた距離の積で表す。単位にはジュール(記号 J)を用いる。

仕事〔J〕=力の大きさ〔N〕

×力の向きに動いた距離〔m〕

エネルギー

117

□ジュール(J)

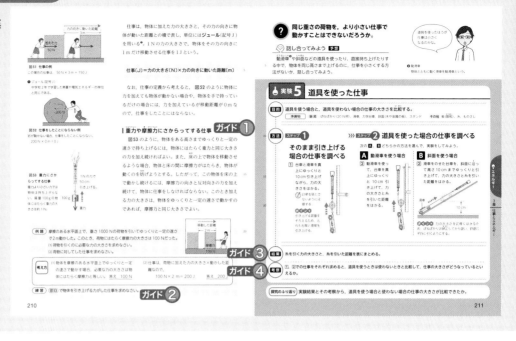

ガイド 1　重力や摩擦力にさからってする仕事

　物体をある高さまで持ち上げる仕事を，重力にさからってする仕事という。物体をある高さまでゆっくりと一定の速さで移動させるには，物体には鉛直下向きに重力がはたらいているので，物体にはたらく重力と同じ大きさで，鉛直上向きの力を加え続ければよい。例えば，200 g の物体を 50 cm 引き上げるときの仕事は，質量 100 g 物体にはたらく重力の大きさを 1 N として，次のようになる。

　　2 N×0.5 m＝1 J

　また，物体どうしが接触しているときには，摩擦力がはたらき，物体が動くのを妨げようとしている。したがって，摩擦力にさからって物体を動かし続けるには，摩擦力とは反対向きの力を加え続けなくてはならない。物体を一定の速さで動かし続けるときは，摩擦力と同じ大きさでよい。例えば，200 N の摩擦力がはたらいている物体を 1 m 動かすときの仕事は，次のようになる。

　　200 N×1 m＝200 J

ガイド 2　練習

　仕事は，物体を引き上げる力の大きさ × 動かした距離なので，50 cm＝0.5 m から，

　　1 N×0.5 m＝0.5 J

答え　0.5 J

ガイド 3　結果(例)

使った道具	力の大きさ〔N〕	引く距離〔m〕	仕事の量〔J〕
な　し	5.0	0.100	0.50
動滑車	2.5	0.200	0.50
斜　面	2.5	0.200	0.50

ガイド 4　考察

　道具を使うと必要な力は小さくできるが，力の向きに動かす距離が長くなり，仕事の大きさは，道具を使わないときの仕事の大きさと変わらない。

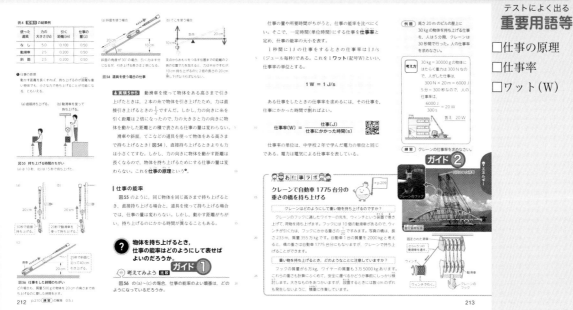

距離は 0.2 m であるから，台車にした仕事は，いずれも，5 N×0.2 m=1 J である。1秒間あたりにされた仕事は，

(a)　1 J÷10 s=0.1 J/s　　　(b)　1 J÷20 s=0.05 J/s

(c)　1 J÷25 s=0.04 J/s

したがって，効率のよい順に，(a)，(b)，(c)となる。

テストによく出る❗

🧊 **仕事の原理**　物体に対して仕事をするとき，道具を使っても，使わなくても，仕事の量は変わらない。

例えば，2 kg の物体を 0.2 m 持ち上げることを考える。質量100 g の物体にはたらく重力の大きさを1 N とすると，仕事は，

$$20\,\text{N}×0.2\,\text{m}=4\,\text{J}$$

である。

図のようなてこを用いると，てこの端に加える力は4 N である。物体を 0.2 m 持ち上げるには，てこの重さが無視できるとき，てこの端を1 m 押し下げなくてはならない。したがって，てこを使ってした仕事は，

$$4\,\text{N}×1\,\text{m}=4\,\text{J}$$

であり，てこを使用しない場合と同じである。

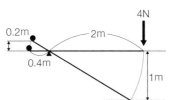

ガイド 1 　考えてみよう

500 g の台車には 5N の重力がはたらく。また，(a)〜(c)のいずれにおいても，台車の鉛直方向の移動

ガイド 2 　練習

$$\frac{6000\,\text{J}}{30\,\text{s}}=200\,\text{W}$$

答え　200 W

解説　仕事率

一定の時間（単位時間）にする仕事を仕事率という。1秒間に 1 J の仕事をするときの仕事率は 1 J/s（ジュール毎秒）で，これを 1 ワット（記号 W）という単位で表す。

$$1\,\text{W}=1\,\text{J/s}$$

ある仕事をしたときの仕事率は，その仕事を，仕事にかかった時間で割ると求められる。

$$仕事率（W）=\frac{仕事（J）}{仕事にかかった時間（s）}$$

仕事率の単位は電力の単位と同じである。つまり，電力は電気による仕事率である。

例えば，モーターの出力が 90 W とすると，このモーターは1秒間に 90 J の仕事をすることができる。

エネルギー

119

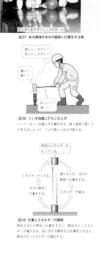

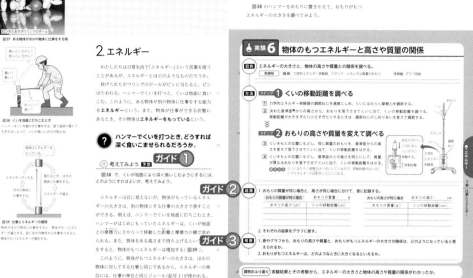

ガイド 1 考えてみよう

　道具として，ハンマーの頭の部分が重いものを使う。また，振り下ろし方として，ハンマーの頭の部分を高いところから，すばやく振り下ろせばよい。

解説 エネルギー

　高いところにある物体は，落下したり，転がり落ちたりして，他の物体を動かすことができる。また，運動している物体も，他の物体に衝突すると，その物体を動かすことができる。このように，ある物体が，他の物体に対して仕事ができる能力をエネルギーといい，その状態にあることを，エネルギーをもっているという。

　同じ物体でも，30 cm の高さから落下させた場合よりも1 m の高さから落下させた場合のほうが衝突したときの衝撃が大きいことは日常生活で体験している。物体は高いところにあればあるほど大きなエネルギーをもつのである。

　また，同じ高さから落下させても，質量が大きいほど，衝突したときの衝撃は大きい。つまり，物体は，質量が大きいほど大きなエネルギーをもっているのである。

ガイド 2 結果(例)

1.

A　おもりの質量が同じ場合　おもりの質量：20 g

おもりの高さ〔cm〕	くいの移動距離〔cm〕
10	0.77
20	1.60
30	2.45

B　おもりの高さが同じ場合 おもりの高さ：20 cm

おもりの質量〔g〕	くいの移動距離〔cm〕
10	0.73
20	1.60
30	2.38

2.

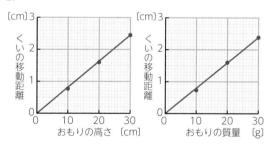

ガイド 3 考察

1.　グラフAもグラフBも，原点を通る直線になる。よって，おもりがもつエネルギーの大きさは，おもりの高さや質量に比例している。

2.　おもりの高さが高いほど，また，おもりの質量が大きいほど，エネルギーは大きくなる。

図61 速さ測定器

実験7 物体のもつエネルギーと速さや質量の関係

目的 エネルギーの大きさと、物体の速さや質量との関係を調べる。

方法 ステップ1 小球の速さを変えて、くいの移動距離を調べる

ステップ2 小球の質量を変えて、くいの移動距離を調べる

テストによく出る🔍

🟦 **位置エネルギー** 高いところにある物体がもっているエネルギーを位置エネルギーという。位置エネルギーの大きさについて、次のことがいえる。

❶ 位置エネルギーの大きさは、基準面からの高さが高いほど大きい。

❷ 位置エネルギーの大きさは、物体の質量が大きいほど大きい。

なお、くわしく言うと、位置エネルギーの大きさは、物体の基準面からの高さ、および、物体の質量に比例することが知られている。

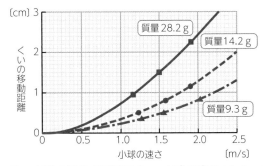

B　小球の速さが同じ場合　小球の速さ：1.6 m/s

小球の質量〔g〕	くいの移動距離〔cm〕
9.3	0.51
14.2	0.82
28.2	1.69

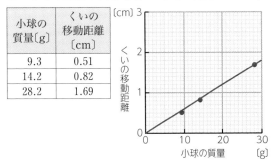

ガイド1 考えてみよう

物体の速さや物体の質量が大きいほど、物体がもつエネルギーは大きいと考えられる。

ガイド2 結果(例)

1. 2.

A　小球の質量が同じ場合　小球の質量：14.2 g

小球の速さ〔m/s〕	くいの移動距離〔cm〕
1.23	0.50
1.58	0.80
1.90	1.15

ガイド3 考察

1. グラフAでは、小球の速さが大きいほどエネルギーの大きさは大きくなっている。グラフBでは、原点を通る直線なので、エネルギーの大きさは小球の質量に比例すると考えられる。

2. 物体の速さが大きいほど、また、物体の質量が大きいほど、エネルギーは大きくなる。

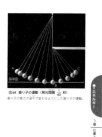

テストによく出る🔍

運動エネルギー　運動している物体がもっているエネルギーを運動エネルギーという。運動エネルギーの大きさについて，次のことがいえる。

❶　運動エネルギーの大きさは，物体の速さが大きいほど大きい。

❷　運動エネルギーの大きさは，物体の質量が大きいほど大きい。

なお，くわしく言うと，運動エネルギーは，物体の速さの2乗，および，物体の質量に比例することが知られており，質量が m〔kg〕，速さが v〔m/s〕の物体がもっている運動エネルギーは，

　　運動エネルギー〔J〕$= \dfrac{1}{2}mv^2$〔J〕

である。

ガイド ①　考えてみよう

❶　おもりがAからBに向かうにつれて，$\dfrac{1}{40}$ 秒ごとにおもりが移動した距離が次第に大きくなっているので，速さは大きくなっている。Aでは，位置エネルギーは最大であるが，運動エネルギーは0である。Bに向かうにつれ，位置エネルギーは減少し，運動エネルギーは増加している。Bでは，運動エネルギーは最大であるが，位置エネルギーは0である。Cでは，再び運動エネルギーが0になり，位置エネルギーは最大になる。

❷　位置エネルギーが運動エネルギーに変わり，運動エネルギーが位置エネルギーに変わっても，位置エネルギーと運動エネルギーの和である力学的エネルギーは常に一定に保たれていると考えられる。

ガイド ②　力学的エネルギー保存の法則

教科書p.220図6のようなジェットコースターの運動を考えると，ジェットコースターが高い位置にあるときは，位置エネルギーは大きいが，速さが小さいので，運動エネルギーは小さい。一方，ジェットコースターが低い位置にあるときは，位置エネルギーは小さいが，速さが大きくなっているので，運動エネルギーは大きい。

このように，位置エネルギーが減少すると運動エネルギーが増加し，位置エネルギーが増加すると運動エネルギーが減少するのは，位置エネルギーと運動エネルギーがたがいに移り変わるからである。この位置エネルギーと運動エネルギーの和である力学的エネルギーは，常に一定である。これを「力学的エネルギー保存の法則」という。

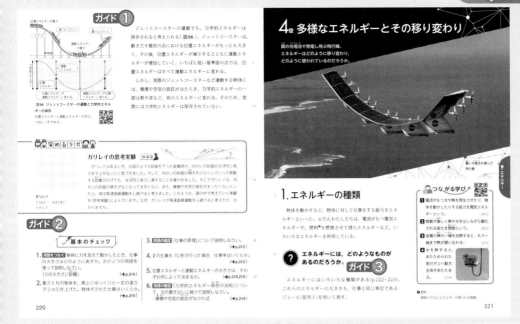

ガイド① ジェットコースターの運動

　ジェットコースターは走行中に，空気の抵抗や，レールとの摩擦による抵抗などを受け，力学的エネルギーの一部が音や熱などのエネルギーに変わってしまうので，最初の高さまで上がることはできない。

ガイド② 基本のチェック

1. （例）仕事の大きさは，力の大きさと力の向きに動いた距離の積として表す。

2. $5\,N \times 2\,m = 10\,J$ 　　　　　　　答え　10 J

3. （例）動滑車など道具を使っても使わなくても，仕事の量は変わらない。

4. $\dfrac{10\,J}{10\,s} = 1\,W$ 　　　　　　　　答え　1 W

5. （例）位置エネルギーの大きさは，基準面からの高さが高いほど大きい。また，物体の質量が大きいほど大きい。運動エネルギーの大きさは，物体の速さが大きいほど大きい。また，物体の質量が大きいほど大きい。

6. （例）摩擦や空気の抵抗がなければ，位置エネルギーと運動エネルギーの和である力学的エネルギーはいつも一定に保たれている。これを，力学的エネルギー保存の法則という。

ガイド③ 学習の課題

　1年で，光や音によって起こる現象や，さまざまな種類の力を学んだ。

　ばねなどがもとにもどろうとする力である弾性力，地球などが物体を引く力である重力，磁石が引き合ったりしりぞけ合ったりする力である磁力，物体の運動を妨げるようにはたらく摩擦力などである。

　また，2年では，電気力や，化学変化（反応），発熱反応・吸熱反応などを学んだ。

　これらの力を，力学的エネルギー以外に，物質や物体がもっている「仕事をする能力」という観点で見たとき，次のような種類のエネルギーとして考えることができる。

- 電気エネルギー…電気（電流）によってモーターを回し，物体を動かすことができる。
- 熱エネルギー…熱によって発生した水蒸気で，タービンを回すことができる。
- 化学エネルギー…物質の化学変化によって熱や光，電気などを発生させることができる。
- 光エネルギー…光電池によって電気を発生したり，熱を発生したりする。
- 音エネルギー…空気を振動させる。
- 弾性エネルギー…弾性力で物体を動かす。

エネルギー

123

テストによく出る
重要用語等

- □電気エネルギー
- □弾性エネルギー
- □熱エネルギー
- □音エネルギー
- □化学エネルギー
- □光エネルギー
- □核エネルギー

図67　いろいろなエネルギー

ガイド **1**

ガイド **1**　いろいろなエネルギー

◎電気エネルギー

電流はモーターを回したり，電球を点灯させたりすることができる。電気が仕事をする能力を電気エネルギーという。

◎熱エネルギー

熱が仕事をする能力を熱エネルギーという。蒸気機関は，石炭などを燃やして発生する熱を利用して水を沸騰させ，水蒸気の圧力でピストンやタービンを作動させ，動力を得る機関である。スコットランドのジェームズ・ワットによって改良された蒸気機関は，18世紀後半から19世紀にかけてのイギリスの産業革命の推進力になった。電力の単位ワット（記号W）はジェームズ・ワットの名前に由来している。

◎弾性エネルギー

変形した物体がもつエネルギーを弾性エネルギーという。ぜんまい式の振り子時計では，ぜんまいの弾性エネルギーを振り子の運動に変えている。

◎力学的エネルギー

運動している物体がもっているエネルギーを運動エネルギー，高いところにある物体がもっているエネルギーを位置エネルギーという。運動エネルギーと位置エネルギーの和を力学的エネルギーという。

◎音エネルギー

音がもつエネルギーを音エネルギーという。音は空気などの物質が振動することによって伝わるので，振動によるエネルギーである。

◎光エネルギー

光がもつエネルギーを光エネルギーという。光電池（太陽電池）は，光エネルギーを電気エネルギーに変換する装置である。植物は光エネルギーを利用して光合成によりデンプンなどの有機物をつくって，化学エネルギーとしてたくわえている。

◎化学エネルギー

物質の内部にたくわえられているエネルギーを化学エネルギーという。化学変化によって，光，熱，電気などの形で放出される。燃料電池では，化学変化を利用して，化学エネルギーから電気エネルギーをとり出している。

◎核エネルギー

原子核が分裂するなどの反応でとり出すことのできるエネルギーを核エネルギーという。原子力発電では，核エネルギーを熱エネルギーに変換し，その熱エネルギーを利用して水蒸気を発生させ，タービンを回して発電している。

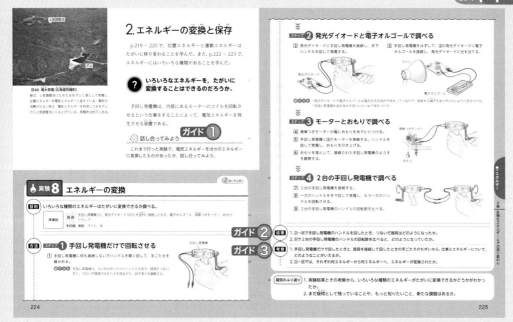

ガイド ① 話し合ってみよう

- 乾電池を使って豆電球を点灯させた。これは，電気エネルギーを光エネルギーに変換している。
- 乾電池を使ってモーターを回転させた。これは，電気エネルギーを運動エネルギーに変換している。
- 電熱線に電流を流し，熱を発生させた。これは，電気エネルギーを熱エネルギーに変換している。
- 乾電池を使って電子オルゴールを鳴らした。これは，電気エネルギーを音エネルギーに変換している。
- 水酸化ナトリウム水溶液に電流を通し，水素と酸素を発生させた。これは，電気エネルギーを化学エネルギーに変換している。

ガイド ② 結果

1. ②では，発光ダイオードが光った。
   ⑤では，滑車つきモーターが回転した。
   ⑧では，もう一方の手回し発電機のハンドルが回転した。
2. 手で回した回転数よりも少しだけ少ない回転数になった。

ガイド ③ 考察

1. 器具を接続して回したときは，ハンドルが重くなった。これは，回路に流れる電気を発生させるには仕事が必要であることを表している。

   手回し発電機は，内部にあるコイルを回転させる仕事をすることによって電気エネルギーを発生させる装置であり，発電機を回す仕事の量によって，発生する電気エネルギーの大きさが決まる。

2.
【ステップ 2】
②では，発光ダイオードで，電気エネルギーから光エネルギーに変換された。

③では，発光ダイオードで光エネルギーから，電気エネルギーに，電子オルゴールで電気エネルギーが音エネルギーに変換された。

【ステップ 3】
⑤では，モーターで電気エネルギーから位置エネルギーに変換された。

⑥では，モーターで位置エネルギーが電気エネルギーに，手回し発電機で電気エネルギーが運動エネルギーに変換された。

【ステップ 4】
⑧では，ハンドルを回した手回し発電機で発生した電気エネルギーが，もう1台の手回し発電機で運動エネルギーに変換された。

エネルギー

ガイド 1 エネルギーの移り変わり

エネルギーには，さまざまな種類がある。エネルギーは，いろいろな器具や装置を使うことによって，別の種類のエネルギーに変換させることができる。テレビの場合では，電気エネルギーは映像（光エネルギー）や音声（音エネルギー）に変わる。また，コンセントにつないだ電気器具に電流が流れると，コードや回路などから熱も発生する。

このように，エネルギーはさまざまなすがたに移り変わるものであり，わたしたちは，太陽からの光や熱のエネルギーが移り変わったものを，さらに変換させながら，生活の中で利用していることがわかる。

ガイド 2 エネルギーの変換効率

エネルギーを別の種類に変換するときには，エネルギーの変換効率に注意する必要がある。あるエネルギーをすべて目的とするエネルギーに変換することはできない。よって，効率のよい変換装置を用いることが重要である。

解説 エネルギーの単位

エネルギーには，位置エネルギー，運動エネルギー，電気エネルギー，熱エネルギー，光エネルギー，音エネルギーなど，いろいろな種類のエネルギーがあるが，これらのエネルギーを量として表す単位には，すべてジュール〔J〕が用いられる。

1 J は，1 N の力で 1 m 動かしたときの仕事の量を表す単位だった。エネルギーの増減は，物体にした仕事の量や，物体から受けた仕事の量で表すことができる。

各エネルギーにおける 1 J とは，次のような大きさである。

→ 1 m の高さにある 100 g の物体がもつ位置エネルギーの大きさ

→質量 2 kg の物体が 1 m/s で移動しているときの運動エネルギーの大きさ

→ 1 W の電力を 1 秒間使用したときの電気エネルギーの大きさ

このように，すべてのエネルギーをジュールで表すと，大きさの比較がしやすい。

ジュールは熱量の単位としても使われる。

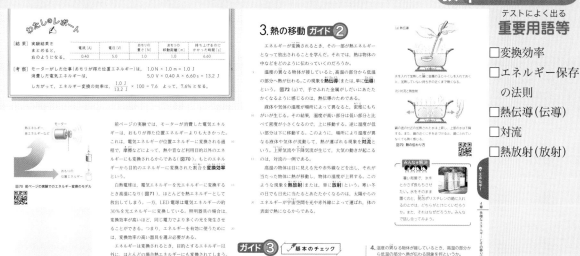

ガイド 1 エネルギー保存の法則

　変換されたエネルギーの総和は、もとのエネルギーの量と等しく、変換の前後でエネルギーの総量は変化しない。力学的エネルギー保存の法則も、エネルギー保存の法則の一部である。

ガイド 2 熱の移動

　熱は温度の高いところから低いところに伝わり、その逆には伝わらない。例えば、沸騰させた湯を室温で放置しておくと、やがて室温と同じ温度になってしまうが、室温の水が勝手に沸騰してしまうことはありえないのである。熱の伝わり方には、次の3つがある。

①熱伝導

　温度の異なる物体が接しているとき、高温の部分から低温の部分に熱が伝わることを熱伝導(伝導)という。湯が入った茶わんの外側が熱くなったり、茶わんに手を触れて熱さを感じるのは熱伝導である。また、冬の朝、鉄棒にふれて冷たく感じるのも熱伝導である。この場合は、手から鉄棒に熱が伝わる。

②対流

　液体や気体で、場所によって温度が異なるとき、温度が高い部分は上に移動していき、温度が低い部分は下に移動していく。このような熱の伝わり方を対流という。室内でストーブをつけると、天井に近いところのほうが高温になるのは対流のためである。あたためられた空気は上昇気流になって上空に昇り、上空の空気は冷やされて下降気流となって地表に降りてくるのも対流である。この対流によって大気が移動し、海風や陸風、あるいは季節風などの自然現象が生じるのである。

③熱放射

　太陽や炭火などの高温の物体は、光や赤外線などを出している。それらを受けた物体に熱が移動し、物体の温度が上昇する伝わり方を熱放射(放射)という。太陽の熱エネルギーがほとんど何もない宇宙空間を伝わってくるのは熱放射である。炭火の上方の網にのせた魚や肉が、熱源に触れていないのに焼けるのは、熱放射によってあたためられるからである。

ガイド 3 基本のチェック

1. 弾性エネルギー
2. (例)もとのエネルギーから目的のエネルギーが変換された割合のこと。
3. (例)エネルギーが変換されても、エネルギーの総量は変化せず、つねに一定に保たれること。
4. 熱伝導(伝導)
5. 対流
6. 熱放射(放射)

テストによく出る
重要用語等

□化石燃料

□枯渇性エネルギー

□再生可能エネルギー

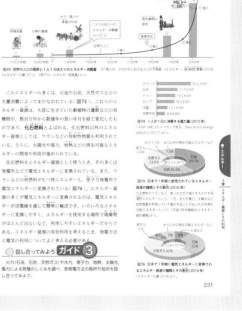

ガイド 1 つながる学び

- 光に変換して利用している道具
  電灯，テレビの画面，パソコンのモニターなど。
- 音に変換して利用している道具
  スピーカー，ブザーなど。
- 熱に変換して利用している道具
  オーブントースター，アイロン，IH 調理器，ヒーター，加湿器など。
- 運動に変換して利用している道具
  洗濯機，扇風機，電動鉛筆削り器，電動ドリル，電動のこぎりなど。

ガイド 2 化石燃料

　大昔の地球に存在したプランクトン(水中に浮かんで生活している生物)の遺骸が厚い土砂の地層に埋没し，高温や加熱により石油や天然ガスになったと考えられている。また，古代の植物が地中にうもれ，長い年月，地熱や圧力を受けて生成したものが石炭であると考えられている。石油や石炭，天然ガスは生物に由来するので，化石燃料とよばれる。

　化石燃料の埋蔵量には限りがあり，石炭で数百年，石油や天然ガスは数十年で枯渇するといわれる。しかし，埋蔵量とは採掘可能な量をさすことが多く，採掘技術の進歩によって埋蔵量は変化する。

ガイド 3 話し合ってみよう

	長所	短所(問題点)
火力	● 設置費用が安く技術が確立されている。 ● 変換効率が高い。	● 二酸化炭素や窒素酸化物を排出する。 ● 燃料を輸入にたよっている。 ● 化石燃料はやがて枯渇する。
原子力	● 二酸化炭素を排出しない。 ● 変換効率が高い。	● 事故による放射性物質のもれや被曝の危険性がある。
水力	● 二酸化炭素を排出しない。 ● 再生可能エネルギーである。	● 設置コストが高く，環境を破壊する。
太陽光	● 二酸化炭素を排出しない。 ● 再生可能エネルギーである。	● 変換効率が低く，天候などに発電量が左右される。
風力	● 二酸化炭素を排出しない。 ● 再生可能エネルギーである。	● 天候などによって発電量が左右される。
地熱	● 二酸化炭素を排出しない。 ● 再生可能エネルギーである。	● 設置場所が限られる。

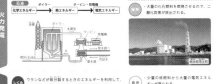

232 233

ガイド① いろいろな発電方法

◎水力発電
川の上流にダムをつくり，ダムにたまった水を落下させて水の位置エネルギーで，発電機に連結させた水車を回して発電する。二酸化炭素などの排出は少ないが，環境破壊の問題がある。

◎火力発電
化石燃料を燃やして化学エネルギーを熱エネルギーに変換し，水蒸気を発生させ，タービンを回して発電する。建設費が安い，安定した電力供給ができる，消費地に近い地域に建設できるので電力輸送の際の損失が少なくてすむといった利点がある。しかし，二酸化炭素や窒素酸化物などを排出するため，環境への負荷が大きく，地球温暖化や資源の枯渇の問題もある。

◎原子力発電
ウランなどの核燃料のもつエネルギーを利用して水蒸気を発生させ，タービンを回して発電する。安定した電力供給ができる，二酸化炭素などの排出量が少ない，といった利点がある。しかし，放射性物質の厳しい管理や作業員の被曝の防止，事故が起きたときの影響が広い範囲におよぶこと，またその影響が長い期間にわたることなどが問題であり，東日本大震災以後，原子力発電との向き合い方を再考する必要が出てきている。

◎地熱発電
おもに火山活動による熱エネルギーを用いて行う発電である。燃料の枯渇がなく，天候や季節，昼夜によらず安定した発電量が得られる再生可能エネルギーである。一方，開発費用がかかることや設置場所が火山や温泉などの近くに限られるといった短所がある。うまく利用すれば地球温暖化や大気汚染への対策手段ともなることから，近年注目が集まっている。

◎太陽光発電
太陽からの光エネルギーを，光電池によって電気エネルギーに変換する発電である。再生可能エネルギーであるため，燃料の枯渇がなく，二酸化炭素なども排出しないが，コストや発電量について改善の余地がある。東日本大震災以後，原子力発電にかわる発電方法として，普及率が高まっている。

◎風力発電
風の運動エネルギーで風車を回し，発電する。再生可能エネルギーを利用するため，二酸化炭素などの排出がない。また，比較的環境への負荷が小さく，小規模での利用も可能である。しかし，天候に左右され，変換効率が悪く，場合によっては破損することもある。日本では台風の影響もあり，あまり普及していない。

129

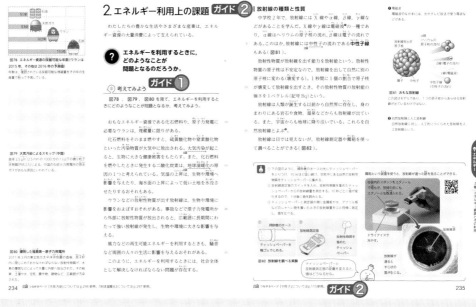

ガイド① 考えてみよう

　石油や石炭，天然ガスなどの化石燃料を燃やすと二酸化炭素が発生する。大気中の二酸化炭素は，地表から宇宙空間への熱の放射を妨げるはたらきがあり，地球温暖化の一因になっている。地球温暖化によって極地方の氷がとけて，海水面の上昇を引き起こし，国土が消滅する危機にある国もある。気温や海水温の上昇は異常気象などの原因ともなり，環境の変化も引き起こしている。また，化石燃料の燃焼では硫黄酸化物や窒素酸化物が発生し，光化学スモッグや酸性雨などの原因ともなっている。

　核エネルギーの利用では放射線の問題がある。事故などで原子力発電所から外部に放射性物質が放出されると，広範囲に長期にわたって，生物や環境に大きな影響を与える。また，事故がなくても，ウランなどの核燃料を核分裂させると，放射性廃棄物，いわゆる「核のゴミ」が発生する。この核のゴミをどのように処理し，処分するのかが大きな課題になっている。

ガイド② 放射線の種類と性質

　放射線には多くの種類があり，おもなものとしては，X線，α線，β線，γ線，中性子線などがある。

◎X線

　電磁波の一種で，波長が非常に短い(振動数が大きい)。医療分野では，X線写真やCTスキャンに利用されている。また，金属材料や橋などのコンクリート構造物の内部の傷などの検査(非破壊検査)や空港における手荷物検査などにも利用されている。

◎α線

　ヘリウムの原子核の高速の流れである。透過力は小さく，紙1枚程度で遮断できる。

◎β線

　電子の高速の流れである。透過力は弱く，厚さ数mmのアルミニウム板で遮断できる。

◎γ線

　電磁波の一種で，波長が非常に短い(振動数が大きい)。X線との波長(振動数)のちがいは明確ではない。α線やβ線より透過力は大きい。医療品や食品などの滅菌に利用される。

◎中性子線

　中性子の流れである。透過力は非常に強い。

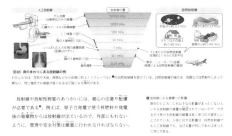

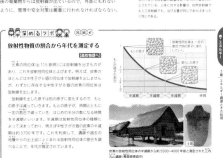

テストによく出る
重要用語等

□ 被曝

ガイド 1　思い出してみよう

　農業ではジャガイモに放射線を照射して芽の成長を抑えて保存期間を大幅に長くしたり，害虫の駆除に使われたりしている。

　工業では，タンク内の水量の測定や，高温の鉄板などの厚さの測定に使われている。

　また，放射線を当てると性質が変わる物質がある。それらに放射線を当てることで，電熱ケーブルの被覆材や熱収縮チューブ，自動車のタイヤなどをつくるのにも利用されている。

　空港でかばんなどを開けずに手荷物検査ができるのも，放射線を利用した技術のおかげである。

ガイド 2　放射線の種類と透過力

　放射線から身を守るためには，放射線の種類とその透過力について理解することが大切である。放射線の透過力はその種類によって大きく異なる。

　α 線は紙1枚程度で遮蔽できる。β 線は厚さ数 mm のアルミニウム板などで防ぐことができる。γ 線・X 線は透過力が強く，コンクリートであれば 50 cm，鉛であっても 10cm の厚みが必要になる。中性子線は最も透過力が強く，水やコンクリートの厚い壁にふくまれる水素原子によって遮蔽できる。

解説　放射性物質の割合から年代を測定する

　原子核にある陽子と中性子の個数の和を質量数という。ふつうの炭素は質量数が 12 であるが，質量数が 14 の炭素原子もある。質量数が 14 の炭素は，半減期が 5730 年の放射性元素で，5730 年たつとはじめの数の半分の炭素が窒素に変わる。宇宙からの放射線のはたらきで，質量数 14 の炭素は絶えずつくられているので，大気中の質量数 12 の炭素と質量数 14 の炭素存在比は常に一定である。

　生きている動植物は常に体細胞分裂をくり返している。このとき，植物は光合成によって，動物は食べ物を通して新たに炭素がとり入れられるので，体内での2種類の炭素の存在比は一定である。動植物が死ぬと，新たな補給がなくなり，質量数 14 の炭素の存在比は小さくなっていく。このことから，質量数 14 の炭素の存在比により，その動植物が何年前に死滅したのかがわかる。例えば，ある遺跡から発見された木片中の質量数 14 の炭素の存在比が現在の同種の生木の半分になっていたとすると，この木片は 5730 年前のものということになる。

エネルギー

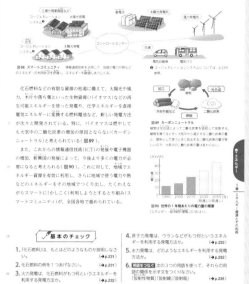

ガイド 1　考えてみよう

　化石燃料では，これまで採掘不可能であった資源が採掘できるような採掘技術の進歩が求められる。化石燃料の燃焼で発生する窒素酸化物や硫黄酸化物の大気中への排出を防がなくてはならない。地球温暖化のおもな原因と考えられている二酸化炭素の発生を少なくするため，できるだけ化石燃料の燃焼はひかえる必要がある。化石燃料はプラスチック製品の原料ともなるが，資源の消費を少なくするため，プラスチック製品の再利用が必要である。

　原子力発電では，生物に有害な放射線が発生する。この発電設備は，災害にも耐えられるようなしっかりした設備にしなくてはならない。また，発生した放射性廃棄物の処理や保管については，今のところ，未解決の問題であり，十分な議論が必要である。

　エネルギー資源の枯渇を防ぐため，新しいエネルギー資源の開発も必要になる。

- シェールオイル…地中深くのシェール層という地層にふくまれる石油のことである。近年は技術の進歩により採掘が実用化されている。
- メタンハイドレート…低温・高圧下でメタン分子が水分子に囲まれ，氷状になったもので，解凍すると，気体のメタンと水になる。日本近海の埋蔵量は世界有数といわれるが，海底面の地下数十〜数百mから実用的に採掘する技術はまだ確立されていない。

- 波力発電…おもに海水などの波のエネルギーを利用して発電する。海流を利用したものや波の上下動を利用したものなどがある。まだ，実験段階であり，実用化はされていない。
- バイオマス…木片や落ち葉など生物由来の燃料をバイオマスという。まきや木炭もバイオマスである。とうもろこしやさつまいもを原料として，エタノールやメタンがつくられている。ただし，食料や飼料にするか，バイオマスとして燃料にするか，といった問題も生じている。

ガイド 2　基本のチェック

1.　(例)大昔に生きていた動植物の遺骸などの有機物が，長い年月を経て変化した燃料のこと。
2.　石油，石炭，天然ガスなど。
3.　化学エネルギー
4.　核エネルギー
5.　水がもつ位置エネルギー
6.　(例)放射性物質が放射線を出す能力を放射能という。

①下図のように質量 80 g の物体を全部水中に沈めたとき，ばねばかりの目盛りは 0.6 N を示した。100 g の物体にはたらく重力の大きさを 1 N として，次の問いに答えなさい。

【解答・解説】

(1)　0.8 N

　100 g の物体にはたらく重力の大きさが 1 N より，質量 80 g の物体の重力の大きさは 0.8 N である。

(2)　0.2 N

　浮力は，水中で重力と反対向きにはたらく力であり，以下の式で求めることができる。

　浮力(N)＝物体にはたらく重力の大きさ(N)
　－水中に沈めた時のばねばかりの目盛り(N)

　物体にはたらく重力の大きさは 0.8 N，水中に沈めたときのばねばかりの目盛りは 0.6 N より，求めたい浮力の大きさは，
　0.8 N－0.6 N＝0.2 N
である。

(3)　変わらない。

　深く沈めても，ばねばかりの値は変わらないため，浮力の大きさは，深さには関係しないことがわかる。

(4)　エ

　水中にある物体には，あらゆる方向から水圧によって生じる力がはたく。水圧の大きさは，水面からの深さが同じであれば等しく，深いほど大きくなる。

②次のように指示された合力や分力の矢印をかきなさい。なお，作図に用いた線も残しておくこと。

【解答・解説】

教科書 p.186 図 11，p.188 図 18 を参照して作図する。

(1)
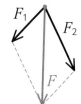

(2)
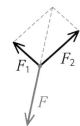

　力の平行四辺形の法則より，それぞれ，F_1，F_2 を 2 辺とする平行四辺形の対角線が F_1 と F_2 の合力となる。また，合力とつり合う力の作図は，この合力と一直線上反対向きに長さの等しい矢印をかけば良い。

(3)
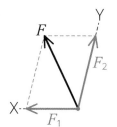

　まず，X と Y に並行で F の先端と交わる 2 線をかく。できた平行四辺形の，X 上の辺が F_1，Y 上の辺が F_2 となる。

(4)
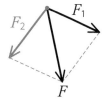

　まず，F_1 に平行で F の先端と交わる線をかく。次に F_1 の先端と F の先端を結ぶ線を書く。さらに，これに平行でかつ作用点を通る線をかけば，それが F_2 となる。

133

3 図1，図2は，どちらも天井にとりつけた滑車に通したロープで，質量400 gの物体を支えているときのようすを表している。質量100 gの物体にはたらく重力の大きさを1 Nとして，次の問いに答えなさい。

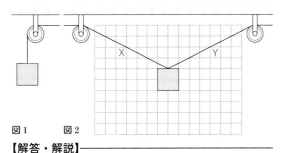

図1　　　図2

【解答・解説】

(1)　4 N

物体にはたらく重力の大きさとロープを引く力はつり合っている。今，物体にはたらく重力の大きさが4 Nなので，ロープを引く力も4 Nである。

(2)　4 N

1つの力を，これと同じはたらきをする2つの力に分けることを力の分解という。また，分解して求めた力をもとの力の分力という。今，2本のロープが物体を引いていて，2本のロープが物体を引く力の合力と重力の大きさは等しい。よって，4 Nである。

(3)　下図

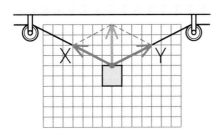

(2)よりロープが物体を引く力の合力は4 N。ロープと物体の接点を作用点として合力を作図する。次にこの力を対角線として2辺がX，Y上にある平行四辺形をかく。これによりロープX，Yが物体を引く分力が作図できる。

(4)　小さくなる。

滑車の間隔を変えると，ロープが物体を引く力は変化する。2つの滑車の間隔を狭くすると，力の平行四辺形の角度は小さくなるが，対角線の長さ(合力)は変わらないため，ロープが引く力は小さくなる。

4 物体の運動を調べる実験1，2を行った。次の問いに答えなさい。

実験1 記録タイマーに通したテープを力学台車にとりつけ，台車に力を加えて動かしたときの運動を記録する。

[結果]　4通りの運動をさせたときのテープは，下図のようになった。

【解答・解説】

(1)　① B，C

② D

③ A

物体の運動のようすを調べるとき，一定時間ごとの物体の移動距離を記録できる記録タイマーや，デジタルカメラの連写機能を使い，物体の速さを測定する。

[テープからわかる運動のようす]

● 打点が等間隔の時→一定の速さで動く

● 打点の間隔が広がる時→加速している

● 打点の間隔が狭くなる時→減速している

(2)　B

ab間を進むのにかかった時間＝打点の時間間隔×打点の個数　より，打点の個数が少ないほどかかった時間は短い。よって平均の速さは速くなる。今，ab間の打点の個数はBがもっとも少ない。よって，平均の速さがもっとも速いのはBである。

(3)　123 cm/s

この運動では，0.1秒間で12.3 cm進んでいることがわかる。よって，この物体の平均の速さは，

12.3 cm÷0.1 s＝123 cm/s

である。

実験2 一定時間ごとに瞬間的に強い光を出す装置を用いて，水平面上を右向きに運動する球を写真にとる。

［結果］　球の運動を図に表すと，下図のようになった。また，となり合う球の間隔を1区間とし，各区間の長さを測定すると下表のようになった。

図

区間1　2　3　4　5

表

区間	1	2	3	4	5
区間の長さ〔cm〕	18.9	16.4	13.5	10.3	9.7

【解答・解説】

⑷　ストロボスコープ

　　一定時間ごとに瞬間的に強い光を出す装置をストロボスコープという。この装置を使って撮影した写真をストロボ写真といい，一定時間ごとの物体の位置を記録することができる。

⑸　95 cm/s

　　表より，球は区間1を0.2秒間で18.9 cm進んでいることがわかる。よってこの球の平均の速さは，

　　18.9 cm÷0.2 s＝94.5 cm/s

である。小数点以下を四捨五入するため，求める値は95 cm/sとなる。

⑹　(例)しだいに球の速さが小さくなったので，左向きの力がはたらき続けた。

　　球はしだいに減速しているので，球の運動の向きである右とは逆向きに力がはたらいているとわかる。よって左向きに力を受けている。

⑤図1，図2のように板で斜面をつくり，力学台車にはたらく斜面に平行で下向きの力の大きさを調べた。

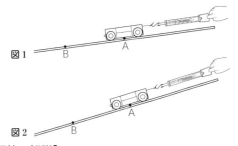

図1　B　A

　　　　　B

　　　　A

図2

【解答・解説】

⑴　イ

　　台車にはたらく重力は一定であるため，斜面のどこで測ってもばねばかりで示される斜面に平行で下向きの力は一定になる。

⑵　ウ

　　斜面の傾きが大きいほど，斜面に平行で下向きの力が大きくなる。そのため，速さのふえ方も大きくなる。

⑶　斜面からの垂直抗力

　　台車にはたらく重力の分力のうち斜面に垂直な分力によって台車がその方向に動かないのは，これに対して斜面が台車を押す。斜面からの垂直抗力がつり合っているからである。

⑷　長くなる。

　　斜面の傾きが大きくなればなるほど，斜面に平行で下向きの力は大きくなり，速さの増え方も大きくなる。よってテープの長さは長くなる。

エネルギー

135

⑥道具を使った仕事について調べる実験を行った。次の問いに答えなさい。

実験1 力学台車と滑車を，真上にゆっくりと 10 cm 引き上げながら力の大きさをはかる。

[結果] 力の大きさは 0.50 N だった。

実験2 右図のように，動滑車で力学台車を真上にゆっくりと 10 cm 引き上げて，力の大きさと糸を引いた距離をはかる。

[結果] 力の大きさは ア N，糸を引いた距離は イ cm だった。

【解答・解説】────────

(1) 小さくなる。

　動滑車の両端の糸が等しい力で台車を支えるため，片方の糸には台車の重力の半分の力しかかかっていない。そのため糸を引くために必要な力は半分になる。

(2) (ア) 0.25 (N)

　　(イ) 20 (cm)

　動滑車を使って物体をある高さまで引き上げるとき，2本の糸で物体を引き上げるため，ひもを引く力の大きさは $\frac{1}{2}$ になるが糸を引く距離は2倍になる。よって，力の大きさと力の向きに物体を動かした距離との積で表される仕事の量は変わらない。これを，仕事の原理という。

(3) 0.005 W

　物体に力を加え，その力の方向に物体を動かした時，力は物体に対して仕事をしたという。仕事の単位にはジュール〔J〕を用いる。1 J とは，1 N の力の大きさで，物体をその力の向きに 1 m だけ移動させる仕事である。また，一定時間にする仕事を仕事率とよぶ。仕事率の単位にはワット〔W〕を用いる。仕事と仕事率は，以下の式で求めることができる。

> 仕事〔J〕
> ＝力の大きさ〔N〕
> 　　　　　×力の向きに動かした距離〔m〕
> 仕事率〔W〕＝仕事〔J〕÷かかった時間〔s〕

　上の式より求めたい仕事率は，
　　仕事〔J〕＝0.25 N×0.2 m＝0.05 J
　　仕事率〔W〕＝0.05 J÷10 s＝0.005 W
　より，仕事率は 0.005 W だとわかる。

⑦天井からひもで物体をつり下げて静止させたとき，右図のような力がはたらいている。ただし，ひもの重さは無視する。

ア…物体にはたらく重力
イ…物体がひもを引く力
ウ…ひもが物体を引く力
エ…ひもが天井を引く力
オ…天井がひもを引く力

次の問いに答えなさい。

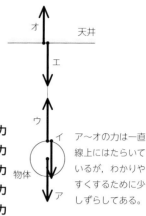

ア〜オの力は一直線上にはたらいているが，わかりやすくするために少しずらしてある。

【解答・解説】────────

(1) アとウ　イとオ

　つり合いの関係は同じ物体に対してはたらく。2力がつり合っているとき，これらは1つの物体に同時にはたらき，大きさは等しく，一直線上で向きは反対になっている。それぞれアとウは物体に対して，イとオはひもに対してはたらく力である。

(2) イとウ　エとオ

　力は，2つの物体間でおたがいに対になってはたらく。この2力のうち，一方を作用，もう一方を反作用といい，これらは2つの物体間で同時にはたらき，大きさは等しく一直線上で向きは反対になっている。イとウは，物体とひもの間にはたらく力で，エとオはひもと天井の間にはたらく力である。

⑧下図は，ある家に見られるエネルギーの移り変わりを表したものである。次の問いに答えなさい。

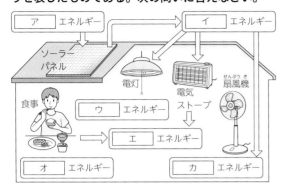

【解答・解説】

⑴ ア…光　　イ…電気　　ウ…光

　　エ…熱　　オ…化学　　カ…運動

　　エネルギーには，さまざまな種類がある。エネルギーは，いろいろな器具や装置を使うことによって，別の種類のエネルギーに変換することができる。テレビの場合では，電気エネルギーは映像（光エネルギー）や音声（音エネルギー）に変わる。また，コンセントにつないだ電気器具に電流が流れると，コードや回路などから熱も発生する。このように，エネルギーはさまざまなすがたに移り変わるものであり，わたしたちは，太陽からの光や熱のエネルギーが移り変わったものを，さらに変換させながら，生活の中で利用していることがわかる。

［いろいろなエネルギー］

● 電気エネルギー

　モータが回転して物体を動かしたりするなど電気がもつエネルギー

● 弾性エネルギー

　変形したばねやゴムが元にもどろうとするときにはたらくエネルギー

● 熱エネルギー

　水を加熱したとき発生する水蒸気で物体を動かすなど熱がもつエネルギー

● 力学的エネルギー

　運動エネルギーと位置エネルギーの和。

● 音エネルギー

　音により炎をゆらしたり体に振動を送ったりするなど音がもつエネルギー

● 化学エネルギー

　化学変化により熱を発生させるなど物質がもつエネルギー

● 光エネルギー

　太陽光電池に光が当たると電流が流れたり，光により物体の温度が上昇したりするなど光がもつエネルギー

● 核エネルギー

　原子核の状態の変化に関係したエネルギー

⑵ （例）（エネルギーの一部が，）音エネルギーや熱エネルギーに変換されてしまうから。

　　もとのエネルギーから目的のエネルギーに変換された割合を，変換効率という。エネルギーは変換されるとき，目的とするエネルギー以外に，ほとんどの場合熱エネルギーに変換されてしまう。例えば，白熱電球は電気エネルギーを光エネルギーに変換するときに高温になり，ほとんどを熱エネルギーとして放出してしまうので変換効率が悪い。

⑶ ①熱放射（放射）　②対流　③熱伝導（伝導）

［熱エネルギー］

● 伝導…高温のものから低温のものに直接熱が伝わること。

● 対流…液体や気体の循環により物質が移動して熱が伝わること。

● 放射…赤外線などの光により離れたところにある物体に熱が伝わること。

エネルギー

⑨下図は，世界のエネルギー需要の見通しを表したグラフである。次の問いに答えなさい。

【解答・解説】

(1) (例)化学燃料の燃焼で，地球温暖化の原因の1つと考えられている二酸化炭素の発生が増えるから。

　生活を支えるエネルギー多くは，石油や石炭，天然ガスなどの大量消費によって，まかなわれている。これらのエネルギー資源は，大昔に生きていた動植物の遺骸などの有機物が，数百万年から数億年の長い年月をへて変化したものであり，化石燃料とよばれている。しかし，化石燃料を燃やすと，硫黄酸化物や窒素酸化物といった汚染物質が大気中に放出されて生物に大きな健康被害を与える危険があるほか，地球温暖化の原因の1つである二酸化炭素を大量に発生させてしまうといった課題がある。

(2) (例)海水面が上昇して低い土地が水没してしまうこと。

　地球温暖化が進み気温が上昇すると，生物や環境に影響を与えたり，海水面の上昇によって低い土地を水没させたりするおそれがある。

(3) (例)バイオマスは，もともと植物が成長するときに吸収した二酸化炭素がもとになっているから。

　バイオマス発電とは，木片・落ち葉など，植物性廃棄物を燃料として火力発電を行うものであり，植物資源なので，二酸化炭素の排出量は差し引きゼロになる。このような考え方をカーボンニュートラルと呼ぶ。

(4) ① A…自然放射線　　B…宇宙　　②ア

　放射線には，自然界に存在する自然放射線と人工的に作られる人工放射線がある。放射線は，病気の診断やがん治療などさまざまな場面で利用される一方で，生物が放射線を受け被曝すると，細胞やDNAが傷ついてしまう危険性もある。放射線の量を表す単位はシーベルト[Sv]である。自然界には，常に微量の放射線が存在しており，日本ではわたしたちは年間平均2.4ミリシーベルトの放射線を浴びている。

　アルファ線はヘリウムの原子核の流れ，ベータ線は電子の流れであり，ガンマ線は光の一種である。

[放射線の特徴]
- 目に見えない。
- 物体を通りぬける透過力がある。
- 原子をイオンにする電離能がある。

[発電の種類と長所・短所]

		長所		短所(問題点)
火力	石油	・設置費用が安く技術が確立されている。 ・変換効率が高い。	変換効率が高い。	・二酸化炭素や窒素酸化物を排出。 ・輸入に頼っている。 ・数十年〜百数十年で枯渇。
	石炭		埋蔵量が多い。	
	天然ガス		CO₂排出が少ない。	
原子力		・二酸化炭素を排出しない。 ・変換効率が高い。		・事故による放射性物質のもれや被ばくの危険性がある。
水力		・二酸化炭素を排出しない。 ・自然エネルギーである。		・設置コストが高く，生態系を破壊する。
太陽光		・二酸化炭素を排出しない。 ・自然エネルギーである。		・エネルギー変換効率が低く，天候に左右される。
風力		・二酸化炭素を排出しない。 ・自然エネルギーである。		・天候などによって発電量が左右される。

10 思考力UP みきさんとりくさんが行った物体の速さと物体がもつエネルギーの関係を調べる実験の内容を読んで，次の問いに答えなさい。ただし，摩擦や空気の抵抗は考えないものとする。

実験

[準備物] カーテンレール，小球，速さ測定器

[方法] ①図1のように，コースの形状は異なるが，スタートとゴールの位置やコースの全長が等しいカーテンレールでつくった2つのコースX，Yを準備する。

②それぞれのコースのスタート地点に大きさや質量が等しい小球を置いて，同時にそっと手をはなしてレールの上を運動させ，ゴール地点での小球の速さを測定する。

結果　右の表1のようになった。

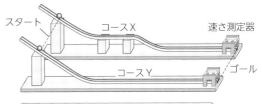

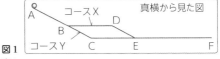

図1
表1

	1回目	2回目	3回目
コースX	1.27 m/s	1.27 m/s	1.24 m/s
コースY	1.26 m/s	1.27 m/s	1.25 m/s

実験を終えた後，みきさんとりくさんは話をして考察した。

み　き：コースXもYも，ゴール地点での小球の速さはほとんど同じだったね。

り　く：途中の斜面の位置など，コースに多少の差はあっても全長が同じだから，当然の結果だと思うよ。

み　き：2つのコースを比較すると，全長や斜面の角度は同じだけど，コースXの区間 a とコースYの区間 b での速さに差が出るのではないかな。

り　く：小球の質量は同じだから，2つの区間の小球の速さは，それぞれの小球がそのときもっていた運動エネルギーの大きさで比較することができるはずだよ。

【解答・解説】

(1) a…区間BD　　b区間CE

図1よりコースXとコースYを比較すると両者のちがいは区間BDが設けられているか，もしくはそのまま区間CEを通るかという点にある。よってそこに速さのちがいが生まれると予想される。

(2) ①

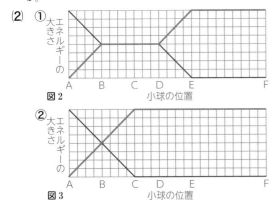

図2

②

図3

運動している物体がもつエネルギーを運動エネルギー，高いところにある物体がもつエネルギーを位置エネルギーという。また，この2つのエネルギーの和を力学的エネルギーと呼ぶ。力学的エネルギーは以下の式が成り立つ。

力学的エネルギー
＝位置エネルギー＋運動エネルギー＝一定

上の式より，位置エネルギーと運動エネルギーの和が常に一定であるため，そのように運動エネルギーが変化するようすを作図する。地点Aでの運動エネルギーは0であるため地点Aでの位置エネルギー＝力学的エネルギー　となる。

③力学的エネルギー保存の法則

物体に摩擦や空気抵抗がはたらかなければ，位置エネルギーと運動エネルギーの和である力学的エネルギーはいつも一定に保たれている。これを，力学的エネルギー保存の法則とよぶ。

(3) コースYの小球

(2)より区間BD，区間CEの運動エネルギーを比較すると，区間CEの方が大きい。つまり小球の速さは区間CEの方が速い。よってコースXの小球より先にゴールに到着できる。

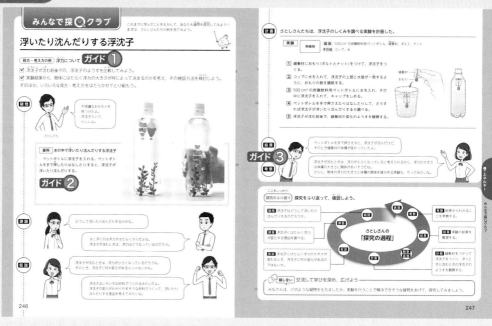

ガイド 1　浮力について

　教科書 p.178〜181 では，水中の物体にはたらく力について学習した。まず，水からの圧力がどのようにはたらいているかについて，ゴム膜をはった筒を水中に沈める実験から調べた。その結果，水中では，深くなればなるほど，ゴム膜は強く水に押されることがわかった。この水の重さによって生じる圧力を水圧といい，水圧はあらゆる向きからかかることや水面からの距離によってその大きさが決まることを学んだ。

　次に，ばねばかりにつないだおもりを水中に沈める実験から，水中の物体にはたらく力について調べた。この実験から，水中には重力と反対向きに浮力という力がはたらいていることがわかった。浮力は水面からの深さには関係なく一定で，浮力と重力の力のつり合いの関係によって，物体が水に浮くのか沈むのかが決まることを学習した。

　また，物体にかかる浮力の大きさは，その物体が水中にある部分の体積によって決まることも学んだ。このとき，物体にはたらく浮力の大きさは，その物体の水中にある部分の体積と同じ体積の水にはたらく重力の大きさに等しいという法則が成り立ち，これをアルキメデスの原理という。つまり，同じ密度をもつ物体ならば，その体積が大きければ大きいほど浮力は大きくなり，体積が小さければ小さいほど，浮力は小さくなるといえる。

ガイド 2　浮沈子

　教科書 p.179 の実験1のときのおもりと同じように，浮沈子には重力と浮力の2つの力が加わっている。浮沈子が浮く状態は，浮沈子にかかる重力よりも浮力の方が大きい(静止しているときは2つの力は等しい)ことを示している。これに対し，浮沈子が沈むのは，ペットボトルを手で押したときである。このとき，浮沈子が浮いているときとは力のはたらきにちがいがあるといえる。

　浮沈子にかかっている力の1つである重力は，ペットボトルを押しても変化しない。よって，変化しているのは浮沈子にかかる浮力である。浮沈子が沈むことから，ペットボトルを押すと，浮沈子にかかる浮力は小さくなることがわかる。

ガイド 3　結果・考察

　ペットボトルを押すと浮沈子にかかる浮力が小さくなるのは，浮沈子の体積が小さくなるからである。ペットボトルを押すと，ペットボトル内の水に力が加わるが水は圧縮されない。そのため，体積が変化しやすい浮沈子の本体(緩衝材)が水圧に押されて体積が小さくなる。体積が小さくなるとその分，浮沈子にかかる浮力は小さくなってしまう。このとき，重力の大きさが浮力の大きさを上回り，浮沈子は沈むのである。

エネルギーをみんなに そしてクリーンに

いのち輝く未来社会のデザイン

（本文は教科書 p.248〜249 参照）

解説　再生可能エネルギー

　再生可能エネルギーとは，太陽光，風力などの非化石エネルギー源のうち，エネルギー源として永続的に利用することができると認められるもののことをいう。2017 年時点で，総発電量にしめる日本の再生可能エネルギーでの発電量は約 16 ％であり，それらが約 3 割をしめるドイツやイギリス，イタリアといった諸外国に比べると低い水準であるといえる。再生可能エネルギーを用いた発電方法には，その割合が多い順に，水力発電，太陽光発電，バイオマス発電，風力発電，地熱発電などがある（2017 年時点）。

　水力発電は，水の落下の勢いを利用して発電機を回転させることにより電気を生み出す発電方法である。二酸化炭素や汚染物質を排出しない上，エネルギーの変換効率が良く，安定供給・長期稼働ができるというメリットがある。その一方で，ダム等による環境破壊の問題，コストの問題などがある。近年では，大きなダムを用いたものに限らず，河川の流水や農業用水を用いた中小規模の水力発電も行われている。

　太陽光発電は，光電池（太陽電池）が太陽光を受けることで，光エネルギーを電気エネルギーに変える発電方法である。二酸化炭素等を排出せず，エネルギー源が太陽光なので資源の枯渇や地域の制限などの問題もなく，災害時には非常用電源としても活用することができる。しかし，時間帯や天候に発電量が左右されることや導入時の低コスト化が今後の課題である。

　バイオマス発電は，動植物から生まれた生物資源であるバイオマスを直接燃焼したり，ガス化したりすることで発電する方法である。バイオマスには，林業で排出される木くずや牧場で排出される牛の排泄物などがある。バイオマス発電のメリットには，地球温暖化防止につながることや，廃棄物を処理することで循環型社会の構築につながることなどがある。一方，用いることのできる資源が各地に点在しているのでそれを収集・運搬・管理するコストがかかるといった問題がある。

　風力発電は，風の力で風車を回し，電気エネルギーに変換する発電方法である。風力発電は，二酸化炭素等を排出しないこと，コストに対する発電効果が比較的高いこと，夜間も使用できることなどのメリットがある。ただし，風により発電量が変化することや風車の回転による騒音・振動の問題，設置場所の問題などがある。

　地熱発電は，地熱により水を水蒸気に変化させ，発電機を回転させることで電気を生み出す発電方法である。地熱発電には，二酸化炭素等の排出がなく，安定した発電量を維持でき，発電と同時に生まれる熱を農業用ハウスや暖房等に利用できるといったメリットがある。一方で，その設置場所は火山や温泉の近くなどに限られる。

エネルギー

ガイド 1　学びの見通し

　この単元では，自然環境，環境と人間のかかわり，科学技術の利用のあり方について，観察・実験などを通して，学んでいく。

　1章では，自然界のつり合いについて学ぶ。植物は光合成によってみずから栄養分をつくり出す。動物は他の生物を食べることで栄養分を得る。そのほかにも，生物の遺骸やふんから栄養分を得る微生物もいる。こうした食べる・食べられる関係はどのように自然界を支えているのだろうか。

　2章では，人間が利用するさまざまな物質について学ぶ。物質はそのでき方によって天然の物質と人工の物質に分けられる。それぞれにどのような特徴があるか，身近な例から学んでいこう。

　3章では，科学技術の発展について学ぶ。これまでの科学技術の進歩はどのような影響をもたらしてきたのか，そして新たな科学技術は未来をどのように変えるのか，考えてみよう。

　4章では，人間と環境の関係について学ぶ。人間の活動が自然環境にどのような影響を与えているのか，また人間の活動は自然環境からどのような影響を受けているのか，考えていこう。

　5章では，持続可能な社会を実現するためのとり組みについて学ぶ。自然環境を守り，便利で豊かな社会を将来にわたって維持するためには，どのようにすればよいのか。わたしたちは今後どのように自然とともに生きていくべきかを考えていこう。

ガイド 2　学ぶ前にトライ！

（例）

・生ごみをねらうカラスが増えたのは，自然界にカラスが食べる生物がいなくなったからではないだろうか。そこで，カラスにとって生息しやすい自然環境を整える対策を考える。

・カラスが直接生ごみにふれないように，ごみ置き場に箱などをおいて，そこに生ごみを入れてもらうようにする。

・カラスがいやがるにおいやものを，ごみ置き場やその近くに置くことで，自然とカラスが近づいてこないようにする。

ガイド 1 つながる学び

1 生物どうしは，食べる・食べられるという関係でつながっている。また，酸素や二酸化炭素，水も植物や動物の体に出たり入ったりしている。

2 植物は，葉緑体で，太陽光などをエネルギーとして使い，水や二酸化炭素などを原料としてデンプンなどの有機物をつくっている。このとき酸素も発生する。植物のこのようなはたらきを光合成という。

3 生物は呼吸によってとり入れた酸素を使って，細胞内で有機物を分解し，生きるためのエネルギーをとり出している。このとき，水と二酸化炭素を出している。このはたらきを細胞呼吸という。

ガイド 2 生態系

　生態系とは，ある場所に生活する生物たちと，それをとり巻く環境を，1つのまとまりととらえたものである。生態系は環境をふくんでいることに注意しよう。

　生物の生活に影響を与えるものを環境要因という。同じ種あるいはほかの種の生物による要因と，生物ではないものによる要因の，大きく2つにわけることができる。

　生物による要因の中には，食べる・食べられる関係もあり，この生物どうしのひとつながりを食物連鎖という。ただし，生物どうしの関係には，食物連鎖だけでなく共生する関係もある。

　生物以外の要因は，気候にかかわるもの，地表にかかわるものなど，さらに細かく分けることができる。そのなかで，水や大気，光は気候にかかわる要因であり，土は地表にかかわる要因である。

ガイド 3 表現してみよう

イネ→バッタ→スズメ→タカ

↓

スズメ→タカ

143

テストによく出る
重要用語等

□食物網

生物どうしの食べる・食べられるの関係は、食物連鎖で
表すことができる。しかし、多くの動物は複数の種類の植
物、または動物を食べる。このため、1種類の生物が、複
数の食物連鎖に関係し、食物連鎖は複雑にからみ合う。こ
のつながりを**食物網**（図4、図5）という。食物網は多様
な生物によって構成されている。

ためしてみよう

小形の魚が食べたものの観察

1 カタクチイワシやマイワシなどの
小形の魚の煮干しを、5分ほどぬ
るま湯につけておく。

2 腹をとり出して切り開き、その中
にあるものを、顔微鏡や双眼実体
顕微鏡で観察し、カタクチイワシ
やマイワシがどのようなものを食
べたかを調べる。

植物プランクトン　　動物プランクトン

図5 海の食物網の例

深めるラボ

日本近海は生物の宝庫　環境

わたしたち人間は、生態系から多くの恩恵を受けています。まわりを海に囲まれ
ている日本にとって、海は身近な存在であり、海の生物はわたしたちの生活と深く
関わっています。
では、日本海にはどれぐらいの生物がいるのでしょうか。2000年から10年
かけて行われた国際プロジェクト「海洋生物のセンサス」によれば、約25万種の地
球上の海洋生物が確認され、そのうちの3万3000種が、日本近海で確認され
ました。日本の海洋面積は、地球の全海洋面積のたった1%程度しかないことを
考えると、まさに日本近海は生物の宝庫といえるでしょう。
これらの生物はたがいに複雑にからみ合い、豊かな生態系をつくりあげています。

オニイトマキエイ

アオウミガメ

● 海洋面積 日本 約447万km²、地球全域 約3億6200万km²〔理科年表(2019)〕などより。

255

ガイド 1　食物網

　食物網を図に表すと、教科書 p.254 図4 のように
なる。1つの生物が複数の食物連鎖にかかわり、か
らみ合うので、網の目のようなつながりができる。

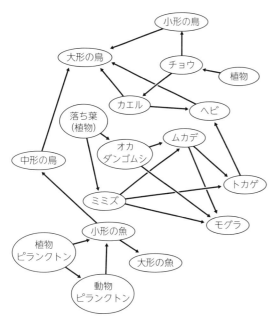

陸・淡水の食物網の例

ガイド 2　海の食物網の例

　食物網はえさとして食べる・食べられるの関係の
ほか、遺骸やふんなどを食べる生物や、有機物を分
解することで生活のエネルギーをとり出している細
菌などのごく小さな生物などにもつながっている。
このことは、陸・淡水の食物網でも同じである。ま
た、成長の段階で食物連鎖のつながりが移り変わっ
ていく生物も多い。

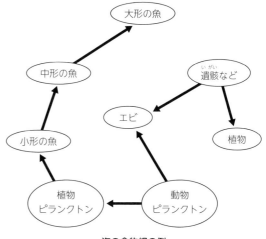

海の食物網の例

テストによく出る
重要用語等

□生産者
□消費者

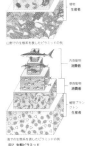

図6 生産者と消費者

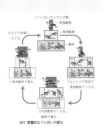

2. 生態系における生物の数量的関係

生物が生きていくためには、エネルギーのもととなる有機物が必要である。図6を見ると、イネ（植物）と昆虫、カエル（動物）とでは有機物を得る方法が異なることがわかる。

イネのように光合成を行い、みずから有機物をつくり出すことができる生物を**生産者**とよぶ。

これに対して、昆虫はみずから有機物をつくり出すことができず、植物を食べることで有機物を得ている。同様に、カエルは動物である昆虫を食べる。このように、ほかの生物から有機物を得る生物を**消費者**とよぶ。

ある生態系での生物の数量を調べてみると、生産者である植物の数量がもっとも多く、消費者である草食動物、小形の肉食動物、大形の肉食動物の順に、その数量が少なくなることが多い。この数量的な関係は、植物などの生産者をもっとも下の層としたピラミッドの形で表すことができる（図7）。

? 生物の数量的な関係のバランスは、どのようにして保たれているのだろうか。

考えてみよう ガイド❶

図8 をもとに、考えてみよう。
❶ 1865年ごろ、カンジキウサギの個体数が減少しはじめている。その後、オオヤマネコの個体数はどうなっているか。
❷ 1870年ごろ、カンジキウサギの個体数が再び増加しはじめている。その理由を考えて、説明してみよう。
❸ それぞれの個体数の増減には、どのような関係があるか。

食べる側の個体数は、食べられる側の個体数の影響を受けている（図8）。自然界では、生物の個体数は、それぞれ増加したり、減少したりするが、食べる・食べられるの関係の中で、そのつり合いは一定の範囲に保たれている（図9）。

しかし、人間の活動や自然災害などによって、自然界における生物の数量的なつり合いがくずれてしまい、もとの状態にもどるのに長い時間がかかったり、もとの状態にもどらなかったりすることもある。

256　　257

カンジキウサギの個体数が減少すると、オオヤマネコにとってのえさが不足するので、子育ては難しくなり、また、成体でさえ、餓死するものが出てくる。そのため、オオヤマネコの個体数は減少する。

オオヤマネコの個体数が減少すると、捕食される数が減少するので、カンジキウサギの個体数は増加する。

環境

ガイド❶ 考えてみよう

❶ オオヤマネコの個体数は減少している。

❷ カンジキウサギの個体数が減少することにより、オオヤマネコのえさが不足するため、オオヤマネコの個体数は減少する。すると、捕食されるカンジキウサギの個体数は減少するから、1870年ごろ、カンジキウサギの個体数は再び増加しはじめた。

❸ カンジキウサギの個体数が増加すると、それを捕食しているオオヤマネコは子育てが容易になり、オオヤマネコの個体数も増加する。

オオヤマネコの個体数が増えると、捕食されるカンジキウサギの数が増加するので、個体数は減少する。

□生物濃縮

ガイド **1**　生物濃縮（のうしゅく）

　化学物質をとりこんだ食物連鎖（れんさ）の下層の生物を上層の生物が捕食（ほしょく）することがくり返されることで，より上層の生物の体内の化学物質の濃度（のうど）が高くなっていく。このように，ある物質の生物体内における濃度が周囲の環境（かんきょう）よりも高濃度になっていく現象を生物濃縮という。

　生物濃縮は自然界ではふつうに起こっている。例えば，フグの毒（テトロドトキシン）は，ビブリオ属などの海洋細菌がつくり出した化学物質がフグの体内にとり入れられて，生物濃縮により蓄積（ちくせき）される。貝のカキが時期によって毒をもつのも，生物濃縮である。

　生物濃縮は，生物に悪い影響（えいきょう）を与えることもある。例えば，DDT，PCB，メチル水銀などの化学合成物質や，カドミウムや鉛などの重金属などの生物濃縮が知られている。実際，メチル水銀をふくむ工場排水（はいすい）が海に流され，生物濃縮によって，体内に高濃度のメチル水銀をたくわえた魚を多くの人が食べ，病を発症（はっしょう）した事例がある。

ガイド **2**　考えてみよう

❶　おち葉は穴が大きくなり，ボロボロになって細かいかけらに変化していった。

❷　オカダンゴムシが落ち葉を食べ，ふんを出したからである。

　土中には，ダンゴムシなどのほか，落ち葉やふん，遺骸（いがい）などを食べる生物が生息している。

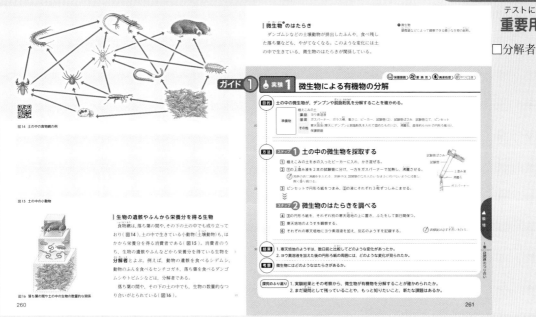

テストによく出る❗

分解者（ぶんかいしゃ）　消費者の中で，生物の遺骸やふんなどから栄養分を得ている生物。

菌類や細菌類は葉緑体をもたないので，有機物がつくれない。そのため，落ち葉や生物の遺骸，ふんなどの有機物を呼吸によって二酸化炭素や水，窒素の化合物などの無機物に分解し，そのとき発生するエネルギーを利用して生活している。

落ち葉や動物の遺骸，ふんなどが地上にたまらないのは，土の上や土の中に小動物や微生物がたくさんいて，有機物を無機物に分解しているからである。

アオカビ	クモノスカビ	枯草菌（こそう）	根粒菌（こんりゅう）

菌類・細菌類

ガイド❶　実験1　微生物（びせいぶつ）による有機物の分解

土の中の微生物がどのようなはたらきをするのか，実験を通じて確かめよう。

◎**方法**

今回は土から微生物を採取した後，それを2つに分けて，一方はガスバーナーで加熱処理している。実験では微生物のはたらきを確かめたいので，変える条件として微生物のいないろ紙も用意したい。そのために，一方の微生物を加熱して死滅（しめつ）させるのである。

◎**結果**

教科書 p.262 図 17 のように，加熱したほうは，寒天培地（ばいち）にもヨウ素溶液（ようえき）にも変化が見られなかった。しかし，加熱しなかったほうは，ろ紙の周囲の寒天培地がとけて，ヨウ素溶液の反応もうすくなっていた。

◎**考察**

加熱しなかった方，つまり微生物がいるほうでは，寒天培地がとけてヨウ素溶液の反応がうすまった。ヨウ素溶液はデンプンに反応するので，寒天培地やデンプンが分解されたことがわかる。加熱したほう，つまり微生物がいないほうではこのような変化は見られなかったので，この分解は微生物のはたらきによるものだと考えられる。

ガイド 1　菌類と細菌類

　土の中の微生物には、菌類や細菌類がいる。これらの生物は、自分で栄養分をつくり出すことができない、生物の遺骸やふんの有機物を無機物に分解し、そのときに出るエネルギーで生きているという点では共通の特徴をもっている。

　菌類と細菌類はそれぞれちがう構造からなる、まったく別の生物でもある。とはいえ、菌類も細菌類もそれぞれわたしたちの生活を支えるようなはたらきをしている、あるいは期待されている。ここでは、いくつか例を紹介する。

　菌類は、「細菌」と区別するために「真菌」とよばれることもあり、キノコ、カビ、酵母が代表例となっている。日本には、古くから味噌、醤油などの調味料をつくるうえで、菌類を利用してきた歴史がある。

　細菌類の例には、納豆菌、乳酸菌、大腸菌がある。名前からわかるとおり、納豆菌は納豆をつくるときに利用される細菌の1つである。また、納豆菌は厳しい環境でも生き残ることのできる微生物であることから、農地にいる他の微生物を活性化させて、農作物の生産に役立てようとする試みもされている。

ガイド 2　日本人と微生物の歴史

　日本人と微生物とのかかわりは、1300年以上にわたるといわれている。飛鳥時代に、中国から醤油づくりが伝わり、奈良時代には酒がつくられていた。どちらも微生物がいなければつくることのできないものである。

　また、江戸時代には火薬をつくるときにも微生物のはたらきを利用していたことがわかっている。土や山草、蚕のふんなどを何年も寝かせて発酵させることで、微生物が亜硝酸とよばれる物質をつくり出す。当時の人々はこの物質から火薬をつくっていたとされている。

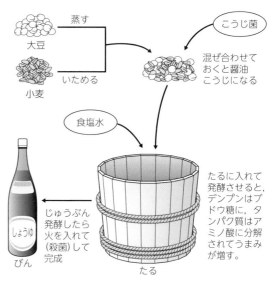

醤油づくりの流れ

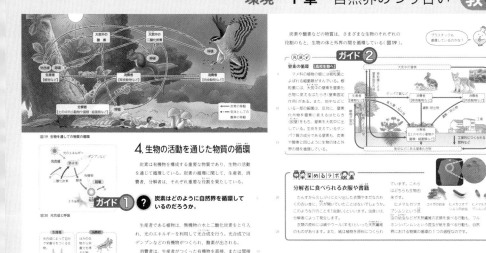

ガイド ① 学習の課題

有機物を構成するおもな元素である炭素Cや，生物の生命活動に欠かせない酸素Oは，生物の活動を通じて自然界を循環している。

植物や植物プランクトンは，水と二酸化炭素CO_2を原料とし，光エネルギーを利用して光合成を行い，デンプンなどの有機物をつくり，酸素O_2を放出している。また，植物や植物プランクトンは，呼吸によって，酸素をとり入れ，二酸化炭素を排出している。

生産者がつくった有機物は，食物連鎖によって，消費者にとり入れられる。とり入れられた有機物は，一部は，呼吸によってとり入れられた酸素によって，消費者の生活に必要なエネルギーとなる。このとき二酸化炭素が排出される。また，有機物の一部は，消費者の体をつくる材料にもなる。上層の消費者でも同様の過程を経る。

生産者や消費者の遺骸やふん，すなわち有機物は，分解者によって水や二酸化炭素などの無機物に分解される。このとき，酸素がとり入れられ，二酸化炭素が排出される。

このように，炭素は二酸化炭素や有機物の構成元素として，酸素は分子または二酸化炭素の構成元素として，自然界を循環しているのである。

ガイド ② 窒素の循環

マメ科の植物の根には根粒というつくりがあり，根粒菌はその中に住んでいる。植物は空気中の窒素を直接利用することはできず，根粒菌がつくり出した窒素化合物を養分として利用している。

ガイド ③ 基本のチェック

1. 生態系
2. (例)光合成を行い，みずから有機物をつくり出すことができる生物を生産者といい，ほかの生物から有機物を得る生物を消費者という。
3. (例)ある物質の生物体内の濃度が，周囲の環境よりも高濃度になっていく現象。とり入れた物質が生物体内に蓄積されることで起こる。
4. 生物の遺骸やふんなど。

　落ち葉などもふくまれ，これらを食べるダンゴムシや，さらにそのふんや，食べ残した落ち葉などの有機物も，キノコやカビなどの菌類や大腸菌や乳酸菌などの細菌類などが，最終的には無機物にまで分解する。したがって，分解者も消費者であるが，そのはたらきによってできた無機物は，生産者である植物の養分(肥料分)として利用され，生物の体と外界の間の物質を循環する。

テストによく出る
重要用語等

□繊維

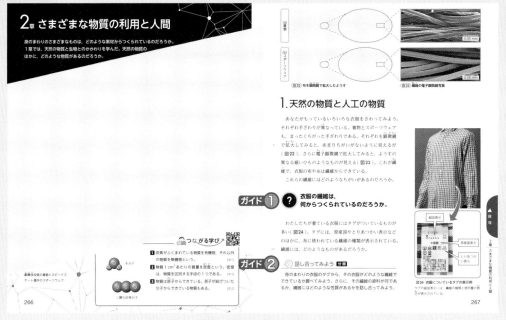

ガイド 1 　学習の課題

　天然の物質と人工の物質について学ぶ上で，身近な例となるのが衣服である。教科書 p.266〜267 では，歌舞伎役者の着物と，スピードスケート選手のスポーツウェアがとり上げられている。

　衣服の布や糸は，繊維からできているが，着物をかたちづくる繊維は，そこからさらに細かいひものようなものがわかれているように見える。これに対して，スポーツウェアの繊維は，なめらかな表面であり，繊維の数も着物と比べて少ないように見える。

　このように，さまざまな衣服を調べてみると，それぞれ異なる繊維からできていることが分かる。中には，複数の種類の繊維からできているものもあるだろう。衣服の繊維にはどのような特徴があるのだろうか。

　衣服の繊維には，大きくわけて2つある。1つ目は，綿や絹のように天然の素材からなる繊維で，天然繊維とよばれる。2つ目は，ポリエステルやナイロンのように人工的につくられた繊維で，合成繊維とよばれる。

　身のまわりにある衣服は，それぞれの繊維がもつ特徴をふまえてつくられている。どのような繊維の特徴が実際に使われているのかについても，考えてみよう。

ガイド 2 　話し合ってみよう

　まずは身のまわりの衣服についているタグを探そう。タグには，組成表示やとりあつかい表示が記されているので，そこから繊維の原料や特徴を読みとろう。着たときの感触やとりあつかい表示の内容を，繊維の特徴と結びつけて考えることもできる。

　ここでは，教科書 p.267 図 24 をもとに，回答例を挙げる。

◎繊維の原料

　タグの組成表示には，「綿77％　ポリエステル23％」と書かれており，この衣服が2種類の繊維からなることがわかる。ただし，割合を見る限り，綿がおもな原料ということもできる。

◎繊維の特徴

　ここでは，おもな原料として綿をとり上げる。

　綿は植物からとられる天然の繊維である。吸水性にすぐれていることから，汗などの水分を吸いとりやすい。ただし，その反面乾きにくいという短所ももっている。繊維の先端が丸いため，肌ざわりがよい。発色もよいが，その反面とりあつかいによっては色落ちしやすい。とりあつかい表示の下にも，色落ちの注意書きが書かれている。

　以上のような繊維の特徴を知ることで，理科だけでなく，実際に衣服を扱うときにも役立つ。

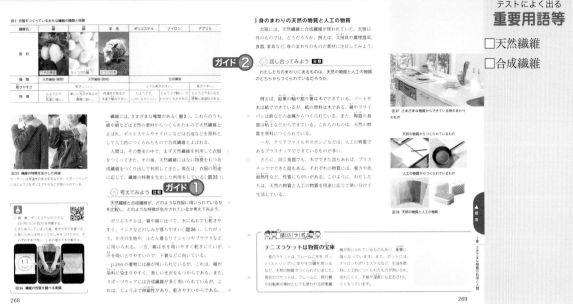

ガイド 1 　考えてみよう

　綿でつくられていることの多い肌着やシャツ，タオル，麻でつくられることの多いハンカチなど，肌にふれる衣服には，天然繊維が用いられていることが多い。肌ざわりのよさや，水・湿気をよく吸う性質が生かされていると考えることができる。

　ただし，衣服全般にポリエステルやアクリルが使われることが多いように，肌着以外の衣服に合成繊維を用いる場合もある。これらの繊維には，軽いこと，しわになりにくいこと，じょうぶであることといった特徴があり，こうした特徴が生かされていると考えられる。

　ちなみに，セーターは天然繊維の獣毛からできるものもあれば，合成繊維のアクリルからできるものもある。どちらの繊維も，保温性にすぐれている，しわになりにくいといった，身につけるときに生かされる特徴をもっている。ただし，獣毛は湿気をよく吸うものの虫に弱く，アクリルはじょうぶだが湿気を吸いにくい，というように，同じものに使われるからといっても，繊維の特徴まで同じだとは限らない。

ガイド 2 　話し合ってみよう

　例として，学校にいるときを思いうかべて考えてみよう。書くときに使う鉛筆は，軸は木から，しんは黒鉛(天然の鉱物)と粘土からつくられている。いずれにしても，天然の素材からつくられているといえるだろう。

　机やいすは，木(一部は金属)でできているものもあれば，場所によって人工の素材でできているものもあるだろう。音楽の授業や部活動で使う楽器は種類によって，木でできたものもあれば，金属でできたものもある。例えば，リコーダーの場合，木でできたものも合成樹脂でできたものもある。同じ楽器でも，天然の素材を使う場合と，人工の素材を使う場合の両方あることがわかる。

　スポーツに使うものとして，教科書 p.269 にはテニスラケットが挙げられているが，サッカーボールも天然の素材と人工の素材のちがいを考えるうえで興味深い。サッカーボールの内側には，ラテックスという素材でできたチューブがある。天然のラテックスでつくったものと，合成ゴムのブチルラテックスでつくったものがあり，一般に使われているのは合成ゴムのほうである。天然のほうは反発力にすぐれているが，高価になってしまう。

環境

ガイド 1　考えてみよう

プラスチックは，石油などを原料として人工的に合成された物質の総称である。

身近にあるプラスチック製品を思いうかべながら，その特徴を考えて，整理してみよう。ただし，プラスチックには多くの種類があり，用途や目的によって，一部のものは電気を通す，自然界で分解しやすいといった特別な性質をもつものもある。

◎木や紙と比べて

コップを想像してみよう。水にぬれたとき，木や紙は水を吸って使いにくくなるが，プラスチックの場合，水を吸わないため変化も起こらない。また，薬品にも強く変化しにくい。木や紙は燃やすと炭か灰になるが，プラスチックの場合はとける。ただし，有機物なので燃えると木や紙と同じく二酸化炭素が発生する。木は曲げると折れ，紙は折れてたためるが，プラスチックはある程度弾力があり，少しの力で曲がらない。また，曲げても折れにくい（プラスチックでできた袋のように，曲がりやすいものもある）。

◎金属と比べて

一部の金属はさびることがあるが，プラスチックはさびない。金属は多少加熱しても形が変わるようなことはないが，プラスチックはとけるなどして変形するものが多い。また，金属と比べるとプラスチックは軽い。そのため，金属は水に沈む

一方で，一部のプラスチックは水に浮く。金属は電気をよく通すが，プラスチックは電気を通さない。

ガイド 2　実験2　プラスチックの性質

プラスチックの性質や特徴を，実験を通して調べよう。加熱する場合は，特に注意が必要である。

◎結果

教科書 p.272 わたしのレポート〔結果〕を参照。

◎考察

実験結果からプラスチックの性質や特徴は次のように考えられる。

- 紙とはちがってかたく，木や金属とちがって弾力がある。
- 木や紙と同様に，電気は通さない。
- 種類によって水に浮くものと沈むものがある。
- 加熱すると火がつくのは木や紙と同じだが，プラスチックはとけてから火がつく。

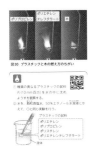

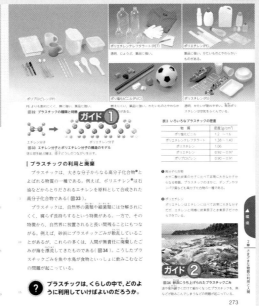

ガイド ① プラスチックの種類と特徴

- ポリプロピレン（PP）
  密度は 0.90〜0.91 g/cm³。プラスチックの中では最も軽いものの1つである。衝撃に耐えられる点が特にすぐれている。冷蔵庫のトレイや、自動車の部品にも用いられる。

- ポリエチレンテレフタラート（PET）
  密度は 1.38〜1.40 g/cm³。強度にすぐれている。繊維、フィルム、ボトルに使われることが多く、電子レンジの部品にも用いられる。

- ポリエチレン（PE）
  密度は 0.92〜0.97 g/cm³。薬品に強い。密度によっておもに3種類に分けられる。バケツや文具、灯油などの容器に用いられる。

- ポリ塩化ビニル（PVC）
  密度は 1.2〜1.6 g/cm³。薬品に強く、燃えにくい。フィルム、シート、パイプなど、さまざまな製品に用いられる。リサイクルが進んでいる材料でもある。

- ポリスチレン（PS）
  密度は 1.06 g/cm³。透明であり、着色しやすい。カセットケース、食品容器、家庭用品などに用いられている。

ガイド ② プラスチックごみの問題

　自然界に放置されたプラスチックは、河川などをつうじて、最終的に海へと流れこむことが多い。そこで、問題になるのが海洋プラスチックごみである。

　海洋ごみによって、魚類、海鳥、ウミガメなど約700種の生物が傷ついたり命を失ったりしている。

　自然界で分解されにくく長持ちしやすいことがプラスチックの特徴であるが、このことが海洋プラスチックごみの問題を深刻にしている。また、波や紫外線の影響でプラスチックが小さな粒子に分解されることがある（マイクロプラスチック）。このとき、魚などが食べることで、海の生態系にとりこまれることも問題視されている。

環境

ガイド 1　基本のチェック

1.　合成繊維

文中にあった「ワタの果実」からつくられる繊維が綿，「ヒツジの毛」からつくられる繊維が羊毛である。

2.　(例)プラスチックは，木のように腐ることも鉄のようにさびることもなく，長持ちする。さらに，軽くて柔軟性があり，じょうぶで割れにくいから。

プラスチックが広く用いられた理由には，「熱を加えれば簡単に加工できるから」というのもある。この問いでは，木や鉄の特徴をふまえた上で，それらと比べてプラスチックが使いやすいことを説明することが重要である。

3.　(例)ペットボトル自体はリサイクルしやすいが，種類の異なるプラスチックが混ざるとリサイクルが難しくなる。そのため，正しく分別することが大切である。

ガイド 2　学習の課題

科学技術の発展とともに，交通輸送の手段も発達し，現在では遠くの土地であっても短時間で行くことができる時代になった。例えば，東京から大阪に行く場合，今では新幹線で約2時間半，飛行機で約1時間ですむ。しかし，江戸時代においては2週間かけての長旅だった。

教科書 p.275 図37 には，江戸時代の交通輸送の手段がかかれている。左の人が乗っている馬，あるいは中央にある駕籠が当時の交通手段であった。

一方で，教科書 p.275 上にある明治時代はじめのようすをかいた絵をよく見ると，人力車や馬車，鉄道がかかれているのがわかる。しかし，鉄道といっても馬がひくものであった。人力や馬力を利用する点では江戸時代と変わらず，この状況が変わるのは蒸気機関が交通に利用されるようになってからである。

蒸気機関車，そして電車，新幹線がつくられ，一度に多くの人を速く運ぶことができるようになった。この進歩は，陸に限らず，海でも空でも見られた。船の進歩や飛行機の発明がそれである。

図38 交通輸送の手段の移り変わり

ガイド1　ガイド2

徒歩や駕籠，馬車，帆かけ船などの交通手段は，人力や牛馬の力，風力などを動力源としていた。明治時代になると，蒸気機関を動力源とする蒸気機関車が導入され，東京―大阪間の所要時間は約20時間になった。さらに，電気機関車や電車が使われるようになり，現在は，新幹線を使うと東京―大阪間を約2時間半で行き来できるようになった。将来は，リニアモーターカーを使った中央新幹線の開通により，さらなる高速輸送が実現されようとしている。

また，鉄道だけでなく，自動車や飛行機も発達し，多くの人や荷物をより速く，遠くまで輸送できるようになった。

❓ 科学技術の発展は，社会にどのような影響を与えてきたのだろうか。

蒸気機関車の動力源である蒸気機関は，18世紀後半にイギリスでワットにより改良，実用化された（図39）。それをきっかけに，イギリスの産業全体が急速な発展をとげた。それにともなう社会全体の大きな変化を産業革命とよぶ。これ以降，工業社会への変化が一気に進み，新たな科学技術が次々と生み出されていった。

わが国でも，明治時代以降，欧米から新しい科学技術が導入され，工業化が進んでいった。

図39 ワットが改良した蒸気機関のレプリカ

図40 科学技術の発展によるくらしの移り変わり

身近なくらしの中でも変化が起こった。例えば，洗濯や家事では，電気を使った洗濯機や炊飯器が登場し，家事にかかる時間が少なくなり，生活様式も変わった。また，ろうそくなどの照明も，電気による照明になり，火災が減った。このように，科学技術の発展は，生活を便利にしてきただけでなく，社会も大きく変えてきた。

しかし，科学技術の発展にともなって，自動車や工場からの排出ガスによる大気汚染，工場からの排水による水質汚濁など，さまざまな問題が引き起こされてきた。

ガイド3　話し合ってみよう

科学技術の発展にともなう問題を解決するために，科学技術はどのような役割を果たしているのだろうか。図41と図42を参考にして話し合ってみよう。

近年，交通事故死者数が減ってきた原因の1つには，エアバッグなど安全装置の技術が発展し，それらが普及してきたことがあげられる。また，自動車の排出ガスを浄化する技術が向上したことで，大気汚染は大幅に改善されてきた。自動車の排水や排出ガスも，浄化装置の向上によりきれいになってきている。

このように，環境問題やエネルギー問題などの解決のためにも，科学技術が役立っている。

図41 全国の交通事故死者数の変化と1990年代から普及した自動車のエアバッグ

図42 排出ガス浄化装置の向上などによる大気汚染の改善（東京都千代田区）

276　277

ガイド1　科学技術の発展と交通手段

日本では，1872年に新橋〜横浜間に初めて鉄道が開通し，その後，全国へ鉄道網が広がっていく。1964年には，東京〜新大阪間に東海道新幹線が開通し，より高速化が進んでいる。その後も，東北新幹線，上越新幹線など新幹線網も拡大を続けている。現在は，浮上式リニアモーターカーを使った中央新幹線（品川（東京）〜名古屋）が2027年の開業を目ざして，工事が進められている。

また，自動車による移動・輸送が増加し，一般道や高速道の整備が進められ，大量の物流を担っている。

自動車は，公共の交通機関の少ない地域では，生活に欠かすことのできない足となっている。

ガイド2　学習課題

18世紀後半に蒸気機関が実用化されたことをきっかけに，イギリスで産業革命がはじまった。これにより，農業にもとづく伝統的な生活から，工業社会に適した形へと人々の生活が変わった。その例として，人々の労働が時給制になったことで，労働の時間と生活の時間がはっきり区別されるようになったということが挙げられる。

また，鉄道が発達したことで，人々の行き来がさかんになり，都市の発展が進んだ。このように，科学技術の発展は，社会にも大きな影響をもたらしてきたのである。

こうした変化は，明治時代以降，欧米から新たな科学技術をとり入れてきた日本でも見られた。家電製品が広まったことで，家事にかける時間を短くすることができるなど，生活様式が変わった。しかし，一方で，大気汚染や水質汚濁といった問題が起こったことも見落としてはならない。

ガイド3　話し合ってみよう

自動車の利用が広まると，人々の移動が便利になる一方で，交通事故が増え，排出ガスによる大気汚染も深刻になる。

教科書p.277図41は，交通事故で亡くなる人を減らすために，エアバッグが広まったことに関する資料である。1990年には1万人を超えていた交通事故の死者が，エアバッグの普及とともに減り，2010年には半分の約5000人になっている。教科書p.277図42の上の写真は，排出ガスによる大気汚染で遠くがかすんでいるようすである。排出ガス浄化装置の性能が向上し，ガスをきれいにすることができるようになったことで，下の写真のように，きれいな景色が見られるようになった。

環境

ガイド 1 話し合ってみよう

　現在使われているような便利な機器がなかった昔には、人と直接会って話をする、相手が離れたところにいるときは手紙を使ってやりとりすることが、主な連絡の方法であった。もっともこれらは今でも用いられる方法であるが、時代が進むにつれて、新たな連絡の方法も生まれた。

　紙と筆を使っていた手紙にかわって、パソコンのような情報機器が広まると、電子メールが使われるようになった。離れた人どうしが会話する方法としては、電話が発達した。

　スマートフォンやSNSのようなサービスが広まった今では、電話や電子メールだけでなく、SNSを使う人も多いだろう。中には、SNSだけで連絡をとる人もいるかもしれない。

　このように、昔の人が使っていた連絡をとる方法をふまえて考えることで、連絡の方法は時代とともに多様化していったことがわかる。そして、現代ではさまざまな方法の中から選んで、人と連絡をとり合うことができるのである。

ガイド 2 話し合ってみよう

　AIは、人間には扱いきれないようなぼう大なデータを分析することができる。そうしたデータの分析によってできるようになるのが未来予測である。すでに、医療の分野ではAIがある病気の発症を予測することに成功した、という事例もある。また、交通に関しては、渋滞の予測にもAIが利用されている。病気の予測は健康維持に、渋滞の予測は自動車の排出ガスを最小限におさえるのに役立つだろう。これらの予測の技術が進歩すれば、健康や環境を守ることにもつながると考えられる。

　VRについては、今では視覚と聴覚を中心に現実を再現するものが多いが、今後痛み、温感、冷感などをふくんだ再現をとり入れることで、より現実に近い環境を追求すると考えられている。将来、触覚や味覚、嗅覚をも再現するVRが広まれば、教科書 p.279 図47にある訓練装置だけでなく、学習を効率よく進めるための装置、ある記憶を呼び出しやすくするための装置など、さまざまな装置が生まれると考えられる。

ガイド① 話し合ってみよう

◎医療

　病気にかかったとき、薬をつかって治療するのが一般的な方法である。しかし、人によっては薬が効きにくい、あるいは副作用をおこす場合もある。そこで、一人ひとりの症状や体質に合わせた「オーダーメイド医療」に注目が集まっている。これまでは、一人ひとりに合わせた治療というと、さまざまな薬を試した中からその人に合ったものをさがす、手間のかかる方法がとられていた。これに対して、あらかじめ遺伝子を調べた上でその人に合った薬を選べるオーダーメイド医療は効率よく進められる。これに関連して、最近では人の体質を左右するSNPという遺伝子の型に関する研究がさかんである。

◎福祉

　義手や義足に最新技術を組み合わせたものもある。例えば、筋肉に発生する電気信号に応じて動く「筋電義手」とよばれる義手が挙げられる。この義手には、AI（人工知能）もとり入れられており、使う人の動きと電気信号の関係をあらかじめ学習し、記憶できるしくみになっている。これにより、一人ひとりの個性に応じて義手を使うことができるようになった。

　ちなみに、AIをとり入れる例は義足にもみられる。義足の場合、人の動きだけでなく地形の変化も学習できるようになっているものもある。

◎資源

　携帯電話やパソコンなどには、金、白金、コバルトなど、さまざまな金属が使われている。機器自体は使い古されても、金属そのものが使えなくなったり、その金属がもつ価値が失われたりすることはない。そこで廃棄された機器から金属をとり出してリサイクルする動きがはじまった。これを「都市鉱山」という。この都市鉱山の開発は、資源の少ない日本の状況を改善するため、あるいはかぎりある資源を有効に使うために、進められている。

　都市鉱山からは、金、銀、白金、鉄、銅といった金属がとり出され、リサイクルされている。一方で、多くのレアメタル（量が少ない、あるいはとり出すことが難しい金属のこと）については、ほとんど回収されていない。これには、廃棄された機器を安定して集めることが難しいこと、あるいは金属をとり出す技術の開発がまだ進んでいないこと、といった課題があるからであり、現在もこの課題を解決するための研究が進められている。

環境

157

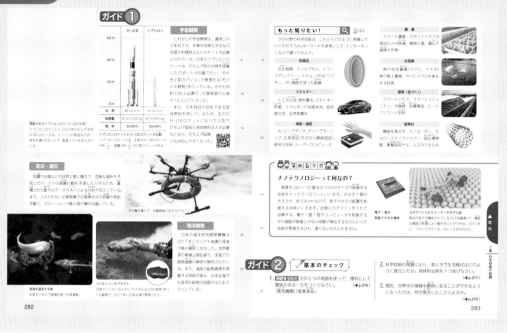

話し合ってみよう（前ページからの続き）

◎宇宙開発

　日本のイプシロンロケットは，組み立てや点検を効率化することで，運用コストを軽減できるように設計されたロケットである。自動点検をとり入れることで地上設備をコンパクトにすることに成功した。2013年に試験機の打ち上げが成功すると，「強化型」の開発が進められた。これにより，打ち上げ能力が高められ，より大きな人工衛星を載せることができるようになった。このとき，ロケットや電子機器の軽量化も進められた。

◎防災・減災

　近年，防災や減災の分野でドローンとよばれる無人の飛行機が活用されている。ドローンについては，過酷な環境でも使用でき，技術が進歩したことで，自動で飛行することもできるようになっている。災害時においては，①被害の状況を確認する場面，②災害による変化をふまえた正確な地図をつくる場面，③物資を必要な場所にとどける場面，④遭難した人を探して発見する場面，といったところで活躍が期待されている。

◎海洋開発

　海底の鉱物資源を探査する技術が進んでいる。しかし，海底の資源を開発するには，まだ巨額の費用が必要であり，本格的な開発には至っていないという課題もある。この課題を解決するために，今もなお技術を進歩させるための研究が進められている。技術が進歩することで，資源がどこにあるのかが探しやすくなるだけでなく，海の生態系に影響をおよぼさないやり方で探査をおこなうことができるようになる。

ガイド2　基本のチェック

1.　(例)18世紀後半に蒸気機関が改良され，広く活用されるようになったことをきっかけに，イギリスで産業革命がはじまり，工業化が進んだ。

2.　(例)
- 炊飯器や洗濯機の登場で，これまで手作業で行っていた家事に費やす時間が短くなった。
- ろうそくの照明が電気の照明に変わり，火事になる危険が小さくなった。

3.　インターネット

ガイド1 話し合ってみよう

　自然環境を形づくるものの中で，特に身近なものとして，空気や水が挙げられる。これらのものに人間が与えている影響を調べるうえで，空気や水のよごれがあるかどうかをみる方法がある。ただし，空気や水がよごれているのか，直接見て調べることは難しい。そこで，自分で空気中のごみを集める，植物についたごみを調べる，水中の生物を調べる，といった手がかりとなるものに着目することが必要になる。例として，教科書 p.285〜286 に示された3つの方法などがある。

① 空気入れを使って，プラスチック管に空気を吸い込む。そのとき，ガーゼをとりつけることで，空気中にあるよごれやごみを集めて見やすくする方法。

② 空気中のよごれやごみが付着しやすい植物を用いて，どのような場所によごれがつきやすいかを調べる方法。

③ 水中にすむ生物の種類によって，その場所の水のよごれ具合を調べる方法。

ガイド2 結果(例)

（教科書 p.285「調査1」空気のよごれの調査についてまとめる。）

　交通量が多く，西から風がふいている場所では，ガーゼが黒くなった。一方で，交通量は多くても，南から風がふいている場所では，ガーゼはよごれたものの，濃い黒ではなかった。

ガイド3 考察(例)

（西には交通が活発な地域があり，南はそうでもないという地域を想定して考察を書いている。）

　ガーゼによごれがついたことから考えると，交通量，つまり自動車などの排出ガスが空気をよごしていることがわかる。また，交通が活発なところから風がふいてくる場所では，空気のよごれも流れこんできたため，より空気がよごれていると考えられる。一方，交通が活発ではないところから風がふく場所だと，よごれが運ばれてこない，あるいはふき流されることによって，交通の影響を受けながらも空気のよごれはおさえられる。

環境

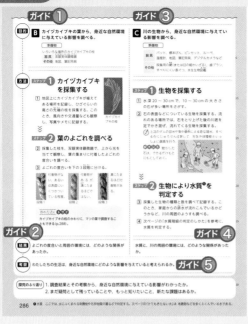

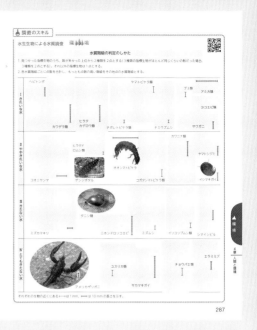

ガイド 1　カイヅカイブキの葉から身近な自然環境に与えている影響を調べる

　カイヅカイブキは低温には弱いが，排出ガスに強いので，公園や住宅などの生け垣に用いられる。葉がうろこ状になっているので，溝になっている部分に空気中のよごれやちりなどが付着しやすい。この調査では，カイヅカイブキの葉のこのような特徴を利用している。

ガイド 2　結果（例）

　交通量が多い場所，そこから風がふいてくる場所では，葉のよごれの度合いが大きかった。

ガイド 3　川の生物から身近な自然環境に与えている影響を調べる

　生物の生存は，環境と大きく関係している。とくに，水中に生息する生物は，水質に非常に敏感であり，汚染物質が流入すると，死滅したり，生息域を変える。そのため，水質によって，生息する生物の種類が大きく変わる。そのため，生息する生物の種類によって，河川や湖沼の水質がわかるのである。
　水質汚染の原因は，増水による土砂のにごりや，生活排水，工場排水，産業廃棄物，ごみの投棄，農薬などさまざまである。窒素やリンなどが過剰に存在すると，藻類や植物プランクトンが異常に繁殖し，生態系を破壊することもある。

ガイド 4　結果（例）

　住宅街から排水が流れこむような場所では，きたない場所にすむ生物が見られた。

ガイド 5　考察（例）

　わたしたちの生活が身近な自然環境に与える影響には，次のようなものが考えられる。
- 生活排水が河川の水質汚染を起こす。
- 自動車の排出ガスに含まれる窒素酸化物や硫黄酸化物が大気汚染や光化学スモッグの原因となる。
- スパイクタイヤの使用によって，粉じんが発生し，大気汚染を起こす。
- エアコンの使用によって，排熱が外気温の上昇を起こしている（ヒートアイランド現象）。

160

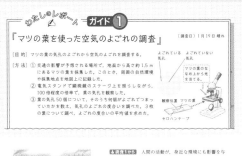

288

289

ガイド 1 わたしのレポート

　交通量の多い場所では，自動車の排出ガスなどにふくまれている粉じんやほこりが大気中に多くあるため，マツの気孔（きこう）がよごれやすい。気孔がよごれている割合（わりあい）が高いほど，空気はよごれているといえる。

　自動車の排出ガスによる空気のよごれ方の調査は，教科書p.286のカイヅカイブキの葉や，このレポートのマツの葉の気孔を利用したもののほかに，ツバキなどの常緑樹（じょうりょくじゅ）の葉の裏（うら）にセロハンテープをはりつけて，すぐはがし，それを顕微鏡（けんびきょう）で観察するなど，いろいろな方法でよごれを調べることができる。

ガイド 2 大気汚染（おせん）による悪影響（あくえいきょう）

　自動車や工場などの排出ガスによって，大気が汚染（かんきょう）されると，環境やわたしたちの生活に悪影響をおよぼすこともある。

　例えば，排出ガスにふくまれる窒素（ちっそ）酸化物や二酸化炭素が紫外線（しがいせん）にふれることで，光化学オキシダントが発生する。これによって起こるのが光化学スモッグであり，せきやたんなどの症状（しょうじょう）を引き起こすこともある。また，大気汚染の原因物質が雨にとけて地上にふることで，土や水まで汚染されることもある。

　日本では，高度経済成長の時代（1960年代）に，硫黄（いおう）酸化物をふくむ工場の排煙（はいえん）が大気を汚染し，ぜんそくなどの深刻（しんこく）な被害（ひがい）をもたらした。被害が大きかった場所には，教科書p.288 図49，50に出ている三重県四日市市がある。ここでおこったぜんそくなどの被害は「四日市ぜんそく」として知られている。

　四日市市では，大気汚染をおさえるために，工場の煙突（えんとつ）を高くして排煙（はいえん）が市街地に流れこまないようにする，有害な物質の排出に制限をかけるといった対策がとられた。また，技術の進歩もあり，大気汚染の原因物質を排煙から除去（じょきょ）する装置をとりつける，硫黄分の少ない燃料に切りかえるといった，企業（きぎょう）による対策も進められた。その結果，大気汚染は改善（かいぜん）された。なお，四日市市は今でも石油化学コンビナートが機能し，多くの製品を出荷している。

　以上のような大気汚染が発生した地域（ちいき）は他にもある。また，四日市市では大気汚染のほかに，工場からの排水（はいすい）によって海が汚染され，周辺の漁業に被害が出ている。「四日市ぜんそく」をはじめとするさまざまな公害について調べることで，人間の活動で自然環境がどのように破壊（はかい）されるのか，破壊されることで何が起こるのかを，学ぶことができる。

環境

ガイド ① 思い出してみよう

　1年では地震や火山活動，2年では暴風や大雨，高潮，大雪といった多様な気象現象による自然災害について学んできた。ここで，それぞれの自然災害の特徴を思い出してみよう。

　地震や火山活動については，地球上に複数あるプレートの動きが関係している。日本列島の付近は，いくつかのプレートの境界になっている部分にあたる。そのため，大地の活動の影響を受けやすく，地震や火山活動が活発である。また，海洋プレートが大陸プレートに沈みこむことで，大陸プレートにひずみが生じて，やがてもとにもどろうとする。そのときに岩石が破壊されて，海底での地震が起こる。この場合，海水が持ち上げられることで津波も発生し，海岸付近に大きな被害をもたらす。また，海岸の埋め立て地や河川の近くの砂地では，ゆれによって水と土の粒が混ざり合い，土地が軟弱になる液状化が起こる場合もある。

　火山活動の場合，火山噴出物による被害が出る場合もある。溶岩や火山灰そのものだけでなく，噴出物が一気に流れ下る火砕流や土石流が被害をもたらすこともある。このとき，噴出物や山の土砂がふもとに流れこみ，住民が被害を受ける場合もある。

　気象現象については，日本列島が大陸と海洋それぞれの大気の影響を受けるとともに，北からの寒気と南からの暖気，冷たい海流とあたたかい海流がぶつかる位置にあることが関係している。

　例えば，台風の進路は大気や風の影響を受けて決まる。台風は沖縄付近を通る場合，北に進むことが多い。それは東からふく貿易風が弱まるからである。そして，しばらくすると東に進むことが多いが，これは日本列島の南に発達する小笠原気団の影響である。そのため，台風は日本列島を縦断するような進路をとり，各地に暴風や大雨などの被害をもたらすのである。

　また，近年発生している局地的大雨も，暖気や寒気の動きに関係する。局地的大雨をもたらすのは積乱雲だが，この雲は南の海上からあたたかく湿った大気が流れこむとき，あるいは大陸から冷たい大気が南下してくるときに発生する。局地的大雨はせまい範囲に激しい雨をもたらすため，予測することも難しい。大雨やそれによって起こる洪水のほかにも，積乱雲が急速に発達することによる災害には，雷や竜巻もふくまれている。

　このように，火山活動による災害も，気象現象による災害も，さまざまな種類が挙げられることを，理解しておこう。

解説 ハザードマップ

　発生が予測される自然災害について，予測される災害の発生地点，その被害がおよぶ範囲，被害の程度，避難経路，避難場所などを表した地図をハザードマップという。

　予測される自然災害は，地域によって異なる。各自治体は，地域の実情に応じて，洪水ハザードマップ，内水ハザードマップ，高潮ハザードマップ，津波災害ハザードマップ，火山ハザードマップなどを作成している。これらのハザードマップは，各自治体のホームページで見ることができるようになっている。また，国土交通省のハザードマップポータルサイトでも見ることができるようになっている。

　土砂災害防止法では，土砂災害区域が指定された市町村はハザードマップを作成することを義務づけている。土砂災害防止法に基づくハザードマップは，2013年3月現在で，644市町村で公表されているが，この数は，作成が義務づけられている市町村の約半分である。いち早いハザードマップの完備が待たれている。なお，指定がない自治体や住民が自主的に作成しているハザードマップもある。

　2000年3月の北海道の有珠山で大規模な噴火があった。この噴火によって，450戸あまりの住宅が全半壊の被害を受け，被害地域全体の被害総額は，100億円にのぼった。しかし，これだけの噴火でありながら，1人の犠牲者もでなかった。

　有珠山は江戸時代以降たびたび噴火をくり返し，1977年から1978年にも噴火し，大きな被害をもたらした。1981年には，有珠山周辺の1市2町によって有珠火山防災会議協議会が発足した。有珠山周辺は開発が進み，有珠山噴火による大きな人的被害が懸念されたからである。

　1995年には，協議会が中心となって，防災ハザードマップが作成され，地域住民に配布された。これにより，有珠山噴火の歴史，火山災害の被害，居住地域の危険性に対する関心が高まり，有珠山の周辺の自治体では，地域ぐるみの防災訓練も行われ，地域住民の防災意識が高まったのである。これには，1990年から1994年にかけての長崎県の雲仙普賢岳の噴火も関係しているという。多くの犠牲者を出した火砕流のおそろしさが認識されていたのである。

　こうした地域ぐるみのとり組みによる住民の防災意識の高まり，ハザードマップの活用などによって，2000年の有珠山噴火では1人の犠牲者もださなかったのである。

　なお，ハザードマップを見たことのある人の避難開始の時刻は，ハザードマップを見たことのない人よりも1時間ほど早いという報告もある。

環境

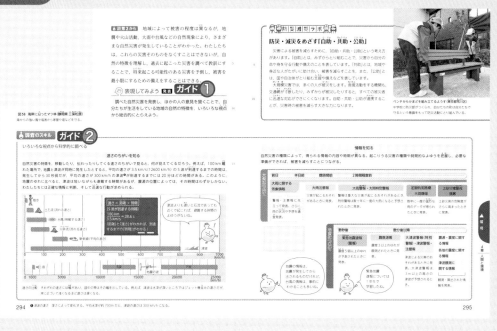

ガイド**1**　表現してみよう

　1つの自然災害をとり上げたとしても，ほかの災害に結びつけて考えることができる。また，人によって災害に対する見方がちがうこともあるだろう。

　例えば，地震について発表したとき，その強いゆれや津波に着目する発表のしかたもあるだろう。しかし，人によっては，津波とは異なる災害に意識を向けている場合もある。例えば，山の近くでは地すべりに巻きこまれる危険がある。海から離れていても，川沿いの砂地であれば液状化が起こる可能性もある。これらに意識を向けている人から意見をもらうことで，「海から離れていて津波の被害を受ける可能性は低い」地域であったとしても，地震にともなう災害の危険がある地域として，いろいろな視点からその地域の特色をとらえることができるのである。地震以外に，暴風や大雨，高潮，土砂くずれといったさまざまな災害をともなう台風について発表するときにも同じことがいえるだろう。

　また，いろいろな人から意見を聞くのもよい。例えば，長年その地域に住み続けてきた人に話を聞くことができれば，過去に起こった災害をふまえた意見をもらえるかもしれない。

ガイド**2**　調査のスキル

　1つの自然災害にしぼって調べるとしても，いろいろな視点から科学的な根拠をもってまとめることはとても大切なことである。

　例えば，津波の場合，教科書 p.294 に速さという視点から考える例がのっている。ほかのものと比べることで，速さを通じて津波の危険性を考えることができるだろう。速さのほかにも，災害が起こるメカニズムをとり上げることで，津波はふつうの波よりはるかに大きいエネルギーをもつことを示すことができる。例えば，ふつうの波は海面付近の水の動きであるのに対し，津波は海底から海面まですべての海水が動いているためエネルギーが大きい，といったメカニズムが挙げられる。

　また，大雨に関する警報・注意報，緊急地震速報といった，災害が起こったときに出される情報を，基準といっしょに調べておくことも重要である。例えば，大雨に関する情報の場合，段階によって誰が避難の準備をはじめるべきかを考える1つの基準になりうる。情報が出るときには「震度5強以上」といった基準があるので，こうした基準を知ることでおちついて行動することにもつながるだろう。

図60 2015年12月にフランス・パリで開催されたCOP21(国連気候変動枠組条約第21回締約国会議)

図61 1979年9月(上)と2018年9月(下)の北極海の海氷のようす

3. 人間の活動と自然環境

現在，わたしたち人間は科学技術を使って，便利で快適な生活を手に入れている。一方，p.285の調査1でも明らかになったように，人間の活動が水質や大気など，さまざまな自然環境に影響を与えるようになってきている。

人間の活動は，地球の自然環境にどのような影響をおよぼしているのだろうか。

考えてみよう 比較 ガイド1

❶ 図62より，人口が急激に増加したのは何年ごろからか。
❷ 図64より，大気中の二酸化炭素濃度が急激に増加したのは何年ごろからだろうか。
❸ 図62～図65から，どのようなことが考えられるだろうか。

296

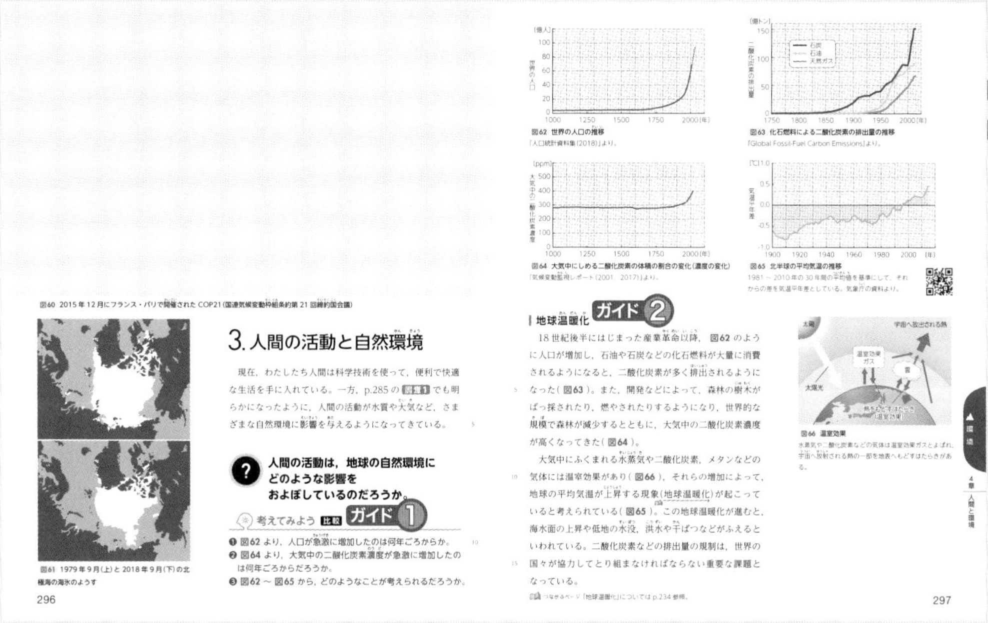

図62 世界の人口の推移
「人口統計資料集(2018)」より。

図63 化石燃料による二酸化炭素の排出量の推移
「Global Fossil-Fuel Carbon Emissions」より。

図64 大気中にしめる二酸化炭素の体積の割合の変化(濃度の変化)
「気候変動監視レポート(2001, 2017)」より。

図65 北半球の平均気温の推移
1981～2010年の30年間の平均値を基準にして，それからの差を気温平年差としている。気象庁の資料より。

地球温暖化 ガイド2

18世紀後半にはじまった産業革命以降，図62のように人口が増加し，石油や石炭などの化石燃料が大量に消費されるようになると，二酸化炭素が多く排出されるようになった(図63)。また，開発などによって，森林の樹木がばっ採されたり，燃やされたりするようになり，世界的な規模で森林が減少するとともに，大気中の二酸化炭素濃度が高くなってきた(図64)。

大気中にふくまれる水蒸気や二酸化炭素，メタンなどの気体には温室効果があり(図66)，それらの増加によって，地球の平均気温が上昇する現象(地球温暖化)が起こっていると考えられている(図65)。この地球温暖化が進むと，海水面の上昇や低地の水没，洪水や干ばつなどがふえるといわれている。二酸化炭素などの排出量の規制は，世界の国々が協力してとり組まなければならない重要な課題となっている。

図66 温室効果
水蒸気や二酸化炭素などの気体は温室効果ガスとよばれ，宇宙へ放射される熱の一部を地表へもどすはたらきがある。

つながるページ「地球温暖化」についてはp.234参照。

297

テストによく出る
重要用語等

□温室効果
□地球温暖化

ガイド1 考えてみよう

❶ 1900年代から人口は急増している。

❷ 1900年代から大気中の二酸化炭素濃度は急増している。

❸ (例)人口の増加とともに経済活動が盛んになり，工場，発電所，自動車などから排出される二酸化炭素が増加した。また，家庭などから出るごみの焼却も二酸化炭素増加の一因である。

地球は太陽から熱を受けているが，宇宙に熱を放射することでつり合いがとれていた。しかし，大気中の二酸化炭素には熱の放射をさまたげるはたらきがあり，大気中の二酸化炭素濃度が高くなるとともに，大気の温度が上昇している。

教科書p.297図63より，1850年代から石炭による二酸化炭素の排出量が増え始め，1900年代以降石油・天然ガスによる二酸化炭素の排出量が増え始めた。また，1950年代より各化石燃料による二酸化炭素の排出量が急激に増えている。この増加と教科書p.297図64のグラフの傾きは似ており，化石燃料による二酸化炭素の排出が大気中の二酸化炭素の割合の増加に影響している可能性が高いことがわかる。

ガイド2 地球温暖化

地球温暖化によって海水面が上昇すれば，国土の低い島国の中には水没する国が現れる。また，異常気象による洪水や干ばつは，都市や農村に大きな負担をもたらす。また，砂ばく化などによって，世界的に耕地面積が減少し，食料の供給不足を引き起こすおそれもある。気候が変化し環境が変われば，新しい環境に適応できずに絶滅する生物も現れると考えられる。地球温暖化に対する対策は，可能なかぎり急がなければならない。

二酸化炭素やメタンは，地表から反射される赤外線を吸収して熱に変え，地球の気温を上昇させるはたらきをしている。このようなはたらきを温室効果といい，この効果をもつ気体を温室効果ガスとよんでいる。

環境

テストによく出る
重要用語等

□オゾン層
□大気汚染
□水質汚濁
□種の絶滅
□外来生物

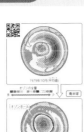

ガイド 1　オゾン層への影響

大気の上空高度約 10〜50 km の成層圏にあるオゾン層は，生物にとって有害な太陽からの紫外線を吸収し，弱めるはたらきがある。冷蔵庫やエアコンに使用されるフロンが大気中を上昇し，オゾンを分解している。このため現在は条約や法律によって，フロンの使用は制限されている。

ガイド 2　酸性雨

大気汚染は化石燃料を燃焼させると発生する窒素酸化物や硫黄酸化物，粉じんなどによって起こる。窒素酸化物や硫黄酸化物が大気中で硫酸や硝酸に変化し，雨や霧などに吸収されて酸性雨になる。酸性雨とは pH が 5.6 以下になった雨をさす。

ガイド 3　水質汚濁と赤潮・アオコ

生活排水や工業廃液などが多量に流入する海域では，海水中に窒素化合物が栄養源として蓄積し，植物プランクトンが異常発生して赤潮やアオコとよばれる現象が起こる。赤潮やアオコの発生した水域では，増殖したプランクトンの死骸が分解するとき，水中の酸素が大量に消費される。このために，酸素が不足したりプランクトンが魚のえらをふさいだりして呼吸をさまたげる結果，魚類や貝類が死滅して，漁業に被害をもたらすことがある。

ガイド 4　種の絶滅・外来生物

1つの種が完全に地球上からいなくなることを絶滅という。生命の歴史上，大絶滅が起こったのは5回といわれているが，過去の絶滅とちがい，近年進んでいる野生動物の絶滅はほぼ人間の活動が原因だとされている。

日本における外来生物は，明治時代以降に人間の活動によって持ちこまれた生物をさし，野外にいる生物には約 2000 種いるとされている。その中で，地域の生態系をおびやかすものを「侵略的な」外来生物とよぶこともある。

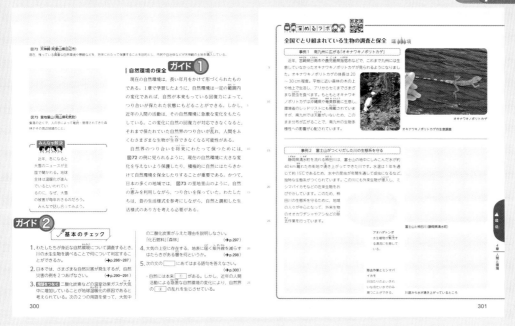

ガイド **1** 自然環境の保全

　自然は，わたしたちの世代だけのものではない。また，わたしたち人類だけのものでもない。豊かな自然を将来の世代に受け継ぐために，また，すべての生物と共有するために，現在，多くのとり組みがなされている。

　人の手がほとんど加わっておらず，原生の状態が保たれている地域やすぐれた自然環境を維持している地域は，自然環境保全法および都道府県条例に基づき，それぞれ，原生自然保護環境保全地域，自然環境保全地域または都道府県自然環境保全地域として，自然環境の保全や生物の多様性を確保する努力がなされている。

　令和2年3月現在，原生自然保護環境保全地域には5地域，自然環境保全地域には10地域，都道府県自然環境保全地域には537地域が指定されている。

◎原生自然保護環境保全地域
　①遠昔別岳(北海道)
　②十勝川源流部(北海道)
　③南硫黄島(東京都)
　④大井川源流部(静岡県)
　⑤屋久島(鹿児島県)
◎自然環境保全地域
　⑥大平山(北海道)
　⑦白神山地(青森県)
　⑧和賀岳(岩手県)
　⑨早池峰(岩手県)
　⑩大佐飛山(栃木県)
　⑪利根川源流部(群馬県)
　⑫笹ヶ峰(愛媛県)
　⑬白髪岳(熊本県)
　⑭稲尾岳(鹿児島県)
　⑮崎山湾・網取湾(沖縄県)

ガイド **2** 基本のチェック

1.　水質階級を判定できる。

　　水生生物は，それぞれがくらすのに適した水のよごれの程度があるので，水質調査の指標生物として用いることができる。

2.　地震，火山の噴火，河川の氾濫，台風，大雨，高潮，大雪などから2つ。

3.　(例)化石燃料の大量消費によって大気中の二酸化炭素が増加し，ばっ採による森林減少で光合成による二酸化炭素の消費が減ったため。

4.　オゾン層

5.　①回復力　　②つり合い

環境

5章 持続可能な社会をめざして

ガイド 1　波力発電

　波力発電とは，その文字が表すように波のもつエネルギーを利用して発電する方法である。

　どのように波を利用するかによっていくつかの種類に分けられる。例えば，波が空気を押し出すことによってうまれる風の力を利用して発電するものがあり，これを振動水柱型という。また，装置につないだ板を直接波にふれさせて，動かすことで発電する可動物体型というものもある。

　基本，波は止まることなく押しよせてくるものであり，波力発電は安定した発電の方法と考えることができる。日本は島国であるため，広い範囲で利用できることもメリットである。

　一方，装置を海の上におくために費用がかかることがデメリットとして挙げられる。また，装置を常に海水にさらすことになるため，維持も容易ではないという指摘もされている。さらに，欧米では研究が進んでいる一方で，日本では実用化にいたるまで課題も残っている。日本で波力発電が1つの発電方法として広まっていくには，今後の実験や開発が重要になるだろう。

　ちなみに，海のエネルギーを利用する発電方法として，潮の満ち引きを利用する潮汐力発電や，海流を利用する海流発電もある。

ガイド 2　話し合ってみよう

　この単元では，これまで乗り物の発達，生活様式の変化について，科学技術の発展と結びつけながら学習してきた。

　例えば，乗り物の発達に関しては，江戸時代には人力や馬力がおもな交通輸送の手段として用いられていた。しかし，明治時代はじめに，蒸気機関車の通る鉄道が入ってきた。それから蒸気機関車は日本中の交通を支えてきたが，燃料に費用がかかった。この問題を解決する意味もあって，第二次世界大戦後になると蒸気機関車は次々と電車などに置きかえられていった。このように，乗り物の発達を見るだけでも，資源や費用の問題から，交通輸送の手段の変化を考えることができる。

　教科書 p.303 にある照明の例を整理すると，白熱電球から蛍光灯，蛍光灯から LED，のようにそれぞれの照明器具が使うエネルギーの消費量が少なくなるように移り変わっているのが分かる。蒸気機関車の話とつなげると，使う燃料やエネルギーを少なくなる方向にものが発達する，という考え方もできるだろう。今挙げた視点をもとに，身近にあるものや生活様式の発達について，例を挙げて表現してみよう。

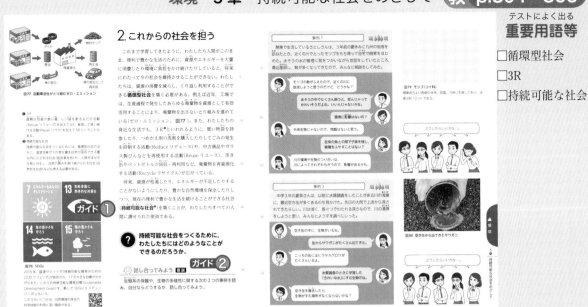

ガイド1　持続可能な社会

　1970年代のはじめごろからオゾン層の破壊，地球温暖化，熱帯雨林の破壊や生物の多様性の喪失などの地球環境問題が深刻化し，世界規模での対策の必要性がさけばれるようになった。これを受けて，1992年に国連環境開発会議(地球サミット)が開催され，環境問題に関して，国際的なとり組みが始まった。

　1987年の環境と開発に関する世界委員会では，「将来の世界の欲求を満たしつつ，現在の世代の欲求を満足させるような開発」という考え方が示された。これは，環境と開発は，たがいに反するものではなく，共存できるものであるとしてとらえ，環境保全を考慮した節度ある開発が必要であるということである。このような考えにもとづく開発を，持続可能な開発という。そして，持続可能な開発が行われ，持続可能性をもった社会を持続可能な社会という。

　2002年の持続可能な開発に関する世界首脳会議(ヨハネスブルグサミット)では，水，エネルギー，保健，農業，生物の多様性に関する問題が提起された。現在，これらの問題を解決し，持続可能な社会を実現すべく，各国の努力や国際社会の協力が進行しているところである。

ガイド2　話し合ってみよう

◎事例1

　関東で生活しているさとしさんがモツゴを川に放流すべきか，相談している事例。モツゴの放流が川の生態系にどのような影響をおよぼすかが，この事例のポイントとなる。モツゴの数がふえて生物のつり合いがとれなくなる可能性があるので，あらかじめ川の環境を調べたうえで放流すべきかを考える，あるいはほかの人にモツゴをゆずる方法もあるだろう。なお，モツゴは関東より北側の本州や北海道，沖縄には生息していないため，これらの地域に放流すれば外来生物と変わらないことには注意したい。

◎事例2

　川を清掃するにあたって，さまざまな生物が入りこんでいた空き缶のあつかいについて，対応に悩んでいる事例。生物がすみつく空き缶を，維持すべき環境の一部であると考えるかどうかがポイントとなるだろう。空き缶があることで，中にいる生物が守られる，生息しやすくなるという見方もできる。一方で，今回登場している川は浅く，空き缶を放置すればよごれがたまって，かえって環境を悪くする可能性も考えられる。空き缶を撤去すること，あるいは残すことによって，起こりうる環境の変化を整理したうえで，どちらがよいかを考えるのも1つの方法だろう。

環境

169

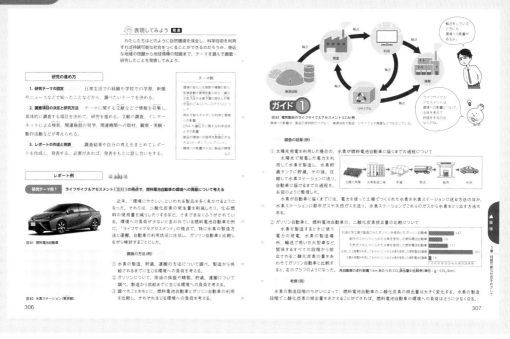

ガイド 1　ライフサイクルアセスメント(LCA)

ライフサイクルアセスメント(Life Cycle Assessment)とは，資源採取から製造，輸送，保管，販売，使用，リサイクル，廃棄までの製品のライフサイクルを通して，どれくらい環境に負荷を与え，どれくらい環境に影響をおよぼすのかを客観的に分析し，評価する手法をいう。

この手法を利用すると，ある製品がどのように環境に負荷を与えているかがわかり，どのように改善すべきかなどの指針を示すことができる。

図1

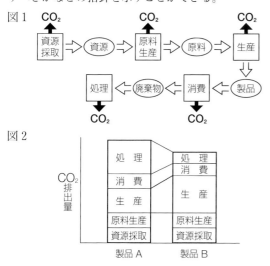

図2

図1は，同じ機能をもつ製品A，Bのライフサイクルを表したものである。ライフサイクルの各段階で二酸化炭素を排出しているが，その各段階ごとの排出量を比較したものが図2である。

二酸化炭素の排出量を，製品にするまでの段階だけで評価すると，生産段階での二酸化炭素の排出量は，製品Aのほうが製品Bよりも少ないので，製品Aのほうが環境に対する負荷が少ないといえる。この段階までであれば，製品Aのほうが製品Bよりも環境にやさしい製品として高い評価を受けることになるが，しかし，ライフサイクルで評価すると，環境に与える負荷は，製品Aのほうが製品Bよりも大きいことがわかる。これは，消費の段階がすみ，廃棄物となった処理の工程で，製品Aは製品Bよりのも多くの二酸化炭素を排出するからである。

このことから，製品Aのライフサイクルでの二酸化炭素の排出量を減らすには，廃棄物の処理段階を検討することが効果的であるといえる。二酸化炭素の排出量削減に向けた製品開発のポイントをしぼることができる。各過程でのコストや他の種類の排出物などの問題もあるが，1つの指針を与えてくれるのがこのライフサイクルアセスメントの効果なのである。

ガイド 1 基本のチェック

1. エネルギーの消費量が少なくなった。

2. （例）

● リデュース

　買い物袋を持参したり、つめかえ用の洗剤を購入したりして、ごみの発生を抑制する活動。

● リユース

　中古商品やガラス製びんなどを再使用する活動。

● リサイクル

　空き缶やペットボトルの回収・再利用など、廃棄物を再資源化する活動。

3. （例）資源の枯渇やエネルギー不足が起きないよう、豊かな自然環境を守りながら、現在の便利で豊かな生活を続けることができる社会。

参考 3R と 5R

　教科書 p.304 側注❶にもあるように、リデュース・リユース・リサイクルの「3R」に、リフューズ(Refuse)とリペア(Repair)を加えた「5R」がとなえられることもある。

　リフューズとは「断る」という意味で、ごみになるものを買わない、あるいはもらわないことをさしている。過剰な包装を断る、試供品などの不要なものは受けとらない、といった行動があてはまる。

　リペアは「修理」という意味で、壊れたものであっても捨てずに修理することでより長く使い続けることを意味する。

環境

1 さきさんは，ある場所における生物の食べる・食べられるによる数量的な関係を表したピラミッドの形の図について，先生に質問をした。このときの会話文を読み，次の問いに答えなさい。

さ き：生物の数量的な関係をこのような図で表そうと思うのですが，Dには植物があてはまると考えてよいのでしょうか。

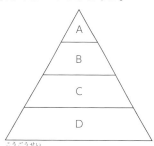

先 生：はい。光合成を行い，みずから ① をつくり出すことができるイネなどの植物のことは「生産者」ともいいますね。

さ き：AからCは，ほかの生物から ① を得ているので ② 者とよぶことを授業で学びました。イナゴはC，カエルはBにあてはまると思いますが，Cの数が増加した場合，どうしてDの数は減少し，Bの数は増加するのですか。

先 生： ③
では，まずB，C，Dの数が変化した状態を図に表してみてください。

さ き：わかりました。そうすると，Cの数の増加によってDの数が減少した後は，再びCの数が ④ と考えてもよいのでしょうか。

先 生：その通りです。こうして自然界では，生物の数が増加したり減少したりしながら，数量的なつり合いが一定の範囲に保たれています。

【解答・解説】

(1) ①有機物　②消費

　有機物は，エネルギーのもとであり，生物が生きていくために欠かせないものであるが，これを得る方法は生物によって異なる。イネなどの植物は光合成によってみずから有機物を作り出すことができる。このような生物を生産者と呼ぶ。一方で，バッタはみずから有機物を作り出すことはできず，植物を食べることで有機物を得るし，カエルは動物であるバッタを食べることで有機物を得る。このように他の生物を食べて有機物を得る生

物を消費者と呼ぶ。

　生物の数量的関係を見ると，多くの生態系で，生産者の数量が最も多く，消費者である草食動物，肉食動物の順に数量は減っていく。これは図のようなピラミッドの形で表すことができる。

(2) (例)Cの食物となるDはたくさん食べられてしまうために減少し，Bは食物であるCがふえるので増加する。

　食べる側の個体数は食べられる側の個体数の影響を受ける。生物の個体数は様々な原因により変動するが，食べる・食べられるの関係の中でそのつり合いは一定の範囲に保たれている。

(3)

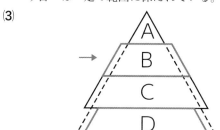

　Cが増えると，これに食べられる側のDの個体数は減少し，これを食べる側のBの個体数は増加する。

(4) イ

　Dの個体数が減少したために，Dを食べる側のCの個体数は減少する。Cが減少すると，これを食べる側のBは減少，これに食べられる側のDは増加し，もとのピラミットの形に戻る。このようにして食べる・食べられるの関係はつり合いを保っている。

②ひとみさんは，家の近くの下水処理場で，微生物を利用して下水を処理していることを知り，微生物のはたらきを確かめてみようと，下のような実験を考えた。ひとみさんが考えた実験の方法を読み，次の問いに答えなさい。

方法

①ガーゼをかぶせたビーカーに，落ち葉などが混ざった泥水を注ぎ，ガーゼでこす。

②2つのビーカーを用意し，1つには①でこした後の液を入れる(Aとする)。もう1つには，Aと同じ体積の水を入れる(Bとする)。そして，AとBに，同量の0.5％デンプンのりを加え，ふたをする。

③2〜3日後，AとBの液を試験管にとり，ヨウ素溶液を加えて変化を調べる。

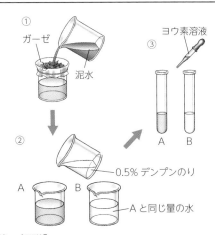

ガーゼ
泥水
ヨウ素溶液
③
A　B
②
A　B
0.5％デンプンのり
Aと同じ量の水

【解答・解説】

(1)　菌類，細菌類

　肉眼では見えず，顕微鏡などで観察する微小な生物を微生物と呼ぶ。土の中の微生物である菌類や細菌類は，葉緑体を持っておらず，みずから栄養分を作ることができないので，生物の遺骸やふんなどにふくまれている有機物を，呼吸によって水や二酸化炭素などの無機物に分解し，その時にとり出されるエネルギーを利用して生きている。よって菌類や細菌類は消費者であり分解者である。

(2)　(例)微生物の影響であることを確かめるため。

　今回の実験では，微生物がどのようなはたらきをしているかを確かめたいので，微生物をふくんだ液とふくまない液の2つを用意してくらべている。もし微生物をふくむAの容器しかなかったら，実験の結果が微生物によるものなのかどうか判定できない。

(3)　B

　デンプン溶液はヨウ素に反応して青紫色になる。Aに加えた有機物であるデンプンのりは，菌類や細菌類のはたらきにより分解されてしまったため，ヨウ素を入れても色は変化しない。

(4)　CO_2，H_2O

　菌類や細菌類などの微生物は，呼吸によって有機物を水や二酸化炭素などの無機物に分解する。

③下の新聞記事は，オゾン層について報告したものである。これに関して，次の問いに答えなさい。

【解答・解説】

(1)　紫外線

　太陽からは，電波，赤外線，光，紫外線など，さまざまな電磁波が地球に届けられている。また，オゾン層は，生物にとって有害であり電磁波の一つである紫外線の一部を吸収するはたらきがある。

(2)　皮膚がんの原因となる。

　紫外線は，皮膚がんの原因にもなる有害な電磁波である。

(3)　冷蔵庫の冷却剤

　1980年からオゾン層のオゾン量は減少が確認されていて，これはフロン類とよばれる，冷蔵庫やエアコンの冷却剤，精密部品の洗浄剤として使われている物質が原因とされている。フロン類は，大気の上空まで達すると紫外線によって塩素を生じ，この塩素がオゾン層のオゾンを分解する。これによりオゾンの量は減少し，地表に届く紫外線の量が増加していると考えられている。

環境

4 思考力UP プラスチックはさまざまな用途で大量に使用されている。一方で，環境への影響から使用を減らす動きが広がっている。次の問いに答えなさい。

【解答・解説】————————————

(1) ①ウ　②ア　③イ

　プラスチックは，石油などを原料にして人工的に合成されてできた物質であり，合成樹脂とも呼ばれる有機物の一種である。一般に，プラスチックは腐らずさびないため長持ちするし，軽くて柔軟性がありじょうぶで割れにくい。そのため，19世紀末に発明されて以来，木や鉄，ガラス，陶器などさまざまな物質に代わって用いられてきた。また，プラスチックには，電気を通さない，水をはじいてぬれない，熱するととけて燃える，という特徴があり，この性質から絶縁体として電気コードの被ふくなどに用いられたり，船の船体などに用いられたりしている。さらにプラスチックは高温でやわらかくなるため簡単に加工ができ，いろいろな形の製品を作ることができる。

　しかし，このような特徴のために自然界の菌類や細菌類には分解されにくく，腐らず長持ちするため，自然界に放置されると長い間残ることにもつながり悪影響をおよぼす危険がある。さらにプラスチックの原料である石油には資源に限りがある。私たちは，プラスチックが自然界に流出することがないように回収し，リサイクルすることが大切である。

　近年，マイクロプラスチックが問題視されている。マイクロプラスチックとは，直径5mm以下のプラスチックのことで，海に流れたプラスチックのごみが，波や風，紫外線などの作用で小さな破片となり，海水中にふくまれていることが報告されている。

　プラスチックは，自然界の中では分解されないため，そのまま残り続ける。また，さらに細かくなったマイクロプラスチックが動物プランクトンの体内でも確認されている。このことから，海の動物全体にマイクロプラスチックが広がっている可能性があり，魚や貝，水鳥などの体内からもマイクロプラスチ

海水から採取された
マイクロプラスチック

ックや，プラスチックに付着していた有害物質などが見つかっている。

(2) ①(例)食物連鎖で食物として大形の動物へとつながっていくから。

　生物は食べる・食べられるの関係でつながっていて，このようなつながりを食物連鎖という。また1種類の生物が複数の食物連鎖に関係し，食物連鎖は複雑にからみ合っている。これを食物網と呼ぶ。

　動物プランクトンは，食物連鎖の中で下位に位置する生物であり，小型の魚に食べられ，小型の魚はさらに大形の魚に食べられる，といったように食物連鎖がつながっていく。さらに食物網は複雑であるため，このプランクトンは多様な生物につながっていることになる。そのため，動物プランクトンの体内でマイクロプラスチックが見つかるということは，海の多くの動物に影響が広がっているおそれがあることを意味し，これは深刻な問題である。

②使用ずみのプラスチックが自然界に流出しないように，きちんと回収してリサイクルする。

　プラスチックは，自然界の菌類や細菌類には分解されにくく，腐らず長持ちするという特徴から，自然界に放置されると長い間残ってしまう。そのためプラスチックをきちんと回収してリサイクルすることが大切である。また，プラスチックは熱を加えるとやわらかくなり簡単に加工できるため比較的リサイクルしやすい。ただし，異なる種類のプラスチックが混ざるとリサイクルが難しくなってしまうため，プラスチックの包装容器についている識別マークをもとに，正しく分別することが大切である。

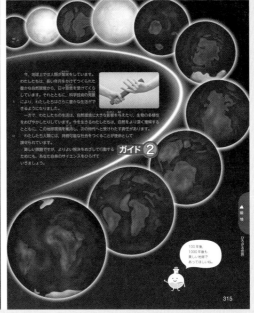

ガイド ① 地球と生命の歴史

　今から約 46 億年前，地球は太陽系の中で誕生した。誕生したばかりの地球には，いん石が降りそそぎ，地表は温度が 1000 度以上のマグマにおおわれていたと考えられている。

　やがて，地表が冷えるとともに海ができた。約 44 億年前のことといわれている。しかし，天体が地球に衝突したときの衝撃で，海が何度も蒸発していたと考えられている。その後，海が安定して存在するようになり，約 38 億年前に，海に最初の生物が誕生した。当時の生物は，1 つの細胞しかもたない微生物であった。多くの細胞をもった生物の誕生は，それから 10 億年以上後のことである。

　今から 5 億 4000 万年前，古生代に入ると，生物は海の中で目ざましい進化をとげた。このことを，当時の時代区分から「カンブリア紀の生命大爆発」とよぶこともあり，その名のとおり，さまざまな種が爆発的に進化し，誕生した。やがて，生物は陸上に進出し，現在のような形に進化していくことになる。

　また，長い歴史の中で，生物の大絶滅が何度も起こっている。例えば，過去 3 回起こった「スノーボールアース」（地球全体が氷におおわれる現象），地球全体の酸素が少なくなる現象も起こり，その際多くの生物が命を落としている。

ガイド ② 持続可能な社会

　教科書 p.304 では，「持続可能な社会」という，これから私たちが目指すべき社会について学んだ。「持続可能な社会」とは，将来資源やエネルギーが不足しないようにしたり，豊かな自然環境を保全したりしながら，現在の便利で豊かな生活を続けることができる社会のことである。

　こうした社会を目指す動きには，現在の世界に対する問題意識がある。これまでの科学技術の発展によって，私たちの生活が便利になった反面，自然環境が破壊されたり，生物の多様性がおびやかされたりしている。そのうえ，限られた資源やエネルギーが，その奪い合いによる紛争をもたらすこともある。世界の人口は増え続けており，2050 年には約 98 億人になるといわれている（2011 年で 70 億人）。その結果，2050 年には人類全体の活動を支えるために地球が 3 個分必要になるという計算もされている。

　もちろん，地球をあと 2 個用意することはできない。地球 1 個で人類の活動をまかなえるように，次のような取り組みが求められている。

- 自然環境の保全（生態系の復元や保護）
- より良い生産（使う資源と捨てるものを減らす）
- より良い消費（エネルギー消費を見直す）
- 環境のための資金の投資（自然保護や技術革新を支援する）
- 公平な資源管理（今ある資源の共有）

175

1

【解答・解説】

(1) 太陽―月―地球

日食とは，地球から見て，月が太陽と重なり，太陽がかくされる現象のことをいう。この文からわかるように，日食が起こるときの天体の位置関係は，太陽―月―地球となる。これらが一直線上に並ぶのは，月が地球のまわりを，地球が太陽のまわりを公転しているからである。日(太陽)が食べられる，というイメージで覚えるとよいだろう。

日食にはいくつか種類があり，太陽の全体がかくされる皆既日食，一部がかくされる部分日食がある。皆既日食では，太陽のまわりに真珠色にかがやくコロナが見られる。

地球から月までの距離や，地球から太陽までの距離はわずかに変わるため，太陽が月より大きく見えることで外側がかくれないときは，金環日食となる。文字通り，太陽が金色の輪のように見える。

皆既日食が見られる地球

太陽　月　地球

部分日食が見られる地球

なお，太陽―地球―月の順に，一直線上に並ぶこともある。このとき月は地球の影に入る。この現象を月食という。月が食べられるというイメージである。合わせて覚えておこう。

関連する教科書のページ：p.84〜85

(2) 水星，金星

理由…地球の公転軌道の内側を公転しているから。

下の図のように，真夜中に夜空を見るということは，地球から見て太陽とは反対側を向いているということである。したがって，地球の公転軌道の内側を公転する水星と金星が視界に入ることはない。

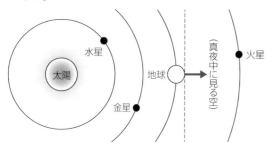

水星

太陽

地球

（真夜中に見る空）

火星

金星

(3) (a)…(例)土にふくまれる細菌類などを殺すため。
(b)…(例)空気中の微生物が入らないようにするため。

問題文にある通り，ここで取り上げられている実験は，採取した土に細菌類などがふくまれるかどうかを確認する実験である。しかし，細菌類は目には見えないので，肉眼では確認できない。そのため，ここでは細菌類が有機物を，水や二酸化炭素などの無機物に分解することを利用している。有機物の1つであるデンプンを使い，デンプンが分解されるかどうかで，細菌類がふくまれているかどうかを確認する。

比較のために，一方のビーカーでは，細菌類が一切ふくまれない状態を再現する。そのため，沸騰させることで土にふくまれる細菌類を殺す必要がある。

空気中の微生物が入ることで，細菌類がふくまれるかどうかに関わりなく，デンプンが分解されて，正しく比較することができなくなる可能性があるので，ビーカーにはラップフィルムをかける。

(4) 重さ…1000 N　　水圧…10000000 Pa

問題文の「水面から1000 mの深さの海底の1 cm² の面の上にある海水」とは何か整理しよう。これは底面の面積が1 cm² であり，高さが1000 m ある直方体いっぱいに入った海水と言いかえることができる。そして，直方体(それに入る海水)の体積は以下のように求められる。

直方体の高さは 1000 m×100＝100000 cm

(1 m＝100 cm)。

よって，体積は 100000 cm×1 cm²＝100000 cm³ より 100000 cm³。

問題文にある条件より，海水の密度は1.0g/cm³。重さは，体積と密度の積で表すことができるので，100000 cm³×1.0 g/cm³＝100000 g。質量100 gの物体にはたらく重力の大きさを1 N とするので，1 N＝100 g。

100000 g÷100 g＝1000 N

よって，海水の重さは1000 N。

水圧とは，水の重さによって生じる圧力である。したがって，単位はパスカル(Pa)であり，求め方も通常の圧力と同じである。

$$圧力〔Pa〕＝\frac{力の大きさ〔N〕}{力がはたらく面積〔m²〕}$$

ここでは，海底付近の水圧が求められているの

で，海底の $1\,cm^2$ の面にはたらく力を考える。よって，はたらく力は，先に求めた海水の重さの 1000 N である。力がはたらく面積は $1cm^2$ であるが，上の式に当てはめるためには，単位を m^2 にする必要がある。

$1\,m^2 = 1\,m \times 1\,m = 100\,cm \times 100\,cm = 10000\,cm^2$

$1\,cm^2 \div 10000\,cm^2 = 0.0001$

より，$1\,cm^2$ は $1\,m^2$ の 0.0001 倍，すなわち $0.0001\,m^2$ となる。

以上より，求める水圧（圧力）は，

$1000\,N \div 0.0001\,m^2 = 10000000\,Pa$

より，10000000 Pa と求められる。

⑸ **水素，酸素**

水に電気エネルギーを加えることで，水は電気分解し，水素と酸素になる。これとは逆の化学変化，つまり水素と酸素で水をつくりだす化学変化を利用することで，水素と酸素がもつ化学エネルギーを，電気エネルギーとして直接とり出す装置を，燃料電池という。

燃料電池は，乾電池（かんでんち）のような使いきりの電池とはちがい，燃料となる水素を供給し続けることで，電気エネルギーをとり出し続けることができるという特徴（とくちょう）がある。また，上で説明した化学反応では水しか生じないので，環境に対する悪影響（あくえいきょう）が少ないと考えられている。

関連する教科書のページ：p.140

⑹ **西へ約60度**

星座の見かけの位置が西に向かって1か月に約30度移動するのは，地球が1年かけて太陽のまわりを1周する（公転する）からである。約30度という角度は，360度を12か月で割って求められる。

実際に動いているのは，公転している地球だけである。地球の動きと，太陽や星座との位置関係は教科書 p.80・81 の図を参考にしてほしい。

なお，星座は西に移動するとともに地平線に近づいていくので，ある程度期間がたつと，地平線の下にかくれて見えなくなる。星座によって，見ることのできる季節が限られるのはそのためである。

関連する教科書のページ：p.78〜81

⑺ **700 J**

理科では，物体に力を加え，その力の向きに物体を動かしたときに，力は物体に対して仕事をし

たという。仕事の大きさは，物体に加えた力の大きさ（N）と，その力の向きに物体が動いた距離（m）との積で表し，単位にはジュール（J）を用いる。

仕事〔J〕

＝力の大きさ〔N〕× 力の向きに動いた距離〔m〕

以上をふまえて，問題の条件を整理しよう。今回は，クレーンがした仕事なので，クレーンに加えた力の大きさは，宇宙飛行士の体，着用している宇宙服，採取した石，それぞれにはたらく重力の大きさの和となる。地球表面の場合，重力の大きさの和は，

$70\,kg + 100\,kg + 40\,kg = 210\,kg = 210000\,g$

（$1\,kg = 1000\,g$ より）

$210000 \div 100 = 2100$（$100\,g = 1\,N$）より，2100 N。

ただし，クレーンが仕事したのは月なので，月面での重力の大きさを考えなければならない。月面での重力の大きさは，地球表面の $\frac{1}{6}$ となるので，

$2100\,N \times \frac{1}{6} = 2100\,N \div 6 = 350\,N$ より 350 N。

あとは，上にある仕事の大きさを求める式に当てはめると，

$350\,N \times 2\,m = 700\,J$ より，クレーンがした仕事の大きさは 700 J となる。

⑻ **運動…等速直線運動**
法則…慣性（かんせい）の法則

物体に力がはたらいていないときや，力がはたらいていてもそれらがつり合っているときは，静止している物体は静止し続け，動いている物体は等速直線運動を続ける。これを慣性の法則という。物体がもつこのような性質を慣性といい，バスが止まったときに乗客が動き続けようとして前に傾（かたむ）くなど，慣性による現象は日常生活においてもよく見られる。

問題文と照らし合わせると，ビー玉について「はたらく力がつり合って浮（う）かび」という記述がある。そのため，ビー玉を指で一瞬（いっしゅん）押すことで，動いている物体となったビー玉は，等速直線運動を続けることになる。

等速直線運動とは，一定の速さで一直線上を動く運動のことをいう。一定の速さであることから，「等しい速さ」，つまり等速の直線運動という。

関連する教科書のページ：p.198

❷

【解答・解説】────────────

(1)　**ア…無性　イ…受精　ウ…体細胞**
　　　エ…遺伝子　オ…同じ

　雌雄の親を必要とせず，親の体の一部が分かれて，それがそのまま子になる生殖を無性生殖という。雌雄の親が必要でないということは，受精をしないということである。そして，有性生殖とはちがい，親と同じ遺伝子をそのまま受けつぐため，親とまったく同じ形質が現れる。無性生殖を行う生物には，イソギンチャクやヒドラ，アメーバ，サツマイモやジャガイモなどがある。

　反対に，雌雄の親がかかわって子をつくるような生殖を有性生殖という。有性生殖を行う生物には，卵や精子のように，生殖のためにつくられる特別な細胞がある。これを生殖細胞という。そして，生殖細胞が受精することで子がつくられる。また，生殖細胞がつくられるときには，染色体の数がもとの細胞の半分になるような分裂が起こる。これを，減数分裂という。

　関連する教科書のページ：p.6〜16

(2)　**aa**

　同時に現れない形質を対立形質といい，その形質が子に現れるか現れないかによって，顕性形質と潜性形質の2種類に分けられる。対立形質をもつ純系どうしをかけ合わせたときに，子に現れる形質を顕性形質といい，子に現れない形質を潜性形質という。

　エンドウの遺伝子の組み合わせとして考えられるのは，AAとAa，そしてaaの3種類である。このうち，どちらかの形質の遺伝子しかない組み合わせについては，AAが丸い種子をつくるものであり，aaがしわのある種子をつくるものだとわかる。のこるAaについては，顕性形質が現れる。問題文にある通り，顕性形質を現す遺伝子は，丸い種子をつくる遺伝子である。したがって，Aaに現れる形質は丸い種子のほうの形質である。

　以上より，しわのある種子をつくるエンドウの遺伝子の組み合わせはaaのみである。

　関連する教科書のページ：p.19

(3)　**イ，ウ**

　中和とは，酸とアルカリがたがいの性質を打ち消し合う反応のことをいう。したがって，この問題のように酸性の水溶液に加えて，中和が起こるようにするには，アルカリ性の水溶液が必要となる。裏を返せば，アルカリ性でない水溶液を加えても，中和は起こらない。

　選択肢の中で，アルカリ性の水溶液は石灰水とうすい水酸化ナトリウム水溶液である。よって，中和が起こらないのは，残るクエン酸水溶液と砂糖水である。

　関連する教科書のページ：p.142〜163

(4)　**一次電池…イ，ウ　二次電池…ア，エ**
　　二次電池について…(例)充電によりくり返し使
　　　　　　　　　　　　える電池のこと。

　電池には，使いきりで充電することのできない一次電池と，充電によりくり返し使える二次電池がある。

　一次電池には，アルカリマンガン乾電池，リチウム電池，空気亜鉛電池などがある。二次電池には，鉛蓄電池，リチウムイオン電池，ニッケル水素電池などがある。充電とは，外部電源から電池に強制的に電流を流し，電気エネルギーを化学エネルギーに変換することである。

　関連する教科書のページ：p.139〜140

(5)　**台車に重い箱をのせたほう**
　　理由…(例)位置エネルギーの大きさは，物体の
　　　　　　質量が大きいほど大きいから。

　位置エネルギーとは，高いところにある物体がもっているエネルギーである。位置エネルギーの大きさは，基準面(高さの基準)からの高さが高いほど大きくなり，物体の質量が大きいほど大きくなる。

　この問題では，どちらの場合も，基準面と位置が両方同じにそろえられている。注目すべきポイントは質量のちがいとなる。台車に何ものせないときよりも，当然重い箱をのせたほうが，質量が大きくなる。そのため，重い箱をのせたほうが，位置エネルギーも大きくなる。

　関連する教科書のページ：p.216

(6)　**右図**

　下弦の月とは，一度満月になったあと，ふたたび新月にもどるとちゅうで見られる半月のことである。

　月は東からのぼって南の空を通り，西へとしずんでいく。9時ごろ南西の空にある月では，太陽の光が月の左上を照らすことになる。

1

【解答・解説】────────────

(1) (例)移動性高気圧と低気圧が交互に日本付近を通過するから。

　春や秋になると，日本列島の上空に大陸の高気圧あるいは太平洋高気圧が張り出してくることはなく，高気圧や低気圧が交互に移動してくる。そのため，天気は周期的になる。

　高気圧や低気圧が交互に移動するのには，偏西風の影響がある。偏西風は，地球の中緯度帯を西から東に1周する大気の動きである。偏西風は，移動性高気圧や低気圧のほかにも，台風の進路にも影響を与える。

(2) 雲…積乱雲
　　気流…下降気流

　台風は，熱帯地方の海上で発生した低気圧(熱帯低気圧)のうち，最大風速が17.2 m/s以上に発達したものである。そのため，通常の低気圧と同様に，中心に向かって風がふきこみ，上昇気流が生じる。台風の場合はこの上昇気流が激しいため，積乱雲が発達している。

　ただし，台風の中心には下降気流が見られる。この部分には，雲がほとんど分布せず，「目」とよばれている。

(3) グループ名…裸子植物
　　記号…イ，オ

　種子をつくってなかまをふやす植物を，種子植物という。種子はもともと胚珠とよばれる粒であり，これが子房の中にあるかどうかで，種子植物は大きく2つのグループに分かれる。

　1つ目は，胚珠が子房の中にあるグループで，被子植物という。2つ目は，子房がなく，胚珠がむきだしになっているグループで，裸子植物という。

　裸子植物には，イチョウ，ソテツ，マツ，スギなどがある。そのため，この問題でいうと，ソテツとマツが裸子植物に分類される。

(4) 150000 W

　理科では，物体に力を加え，その力の向きに物体を動かすことを仕事として表す。仕事の大きさは，単位をジュール[J]として表し，力の大きさと力の向きに動いた距離の積で求められる。

　そして，仕事の能率の大小を表したものが，仕事率である。仕事率は，一定時間にする仕事の大きさをもとにしている。単位はワット[W]であり，仕事を，仕事にかかった時間で割って求められる。ここでの時間の単位は秒なので，計算のときには気をつけよう。

　この問題では，
- エレベーターと乗客を上向きに300 m引き上げた。
- エレベーターと乗客を引き上げるときの力の大きさは30000 N(100 g=0.1 kg=1 Nより)である。
- 仕事にかかった時間は60秒である。

以上のように条件を整理することができる。

　まず，仕事の大きさは，

　30000 N×300 m=9000000 J より，9000000 J。

仕事率は，

　9000000 J÷60 s=150000 W より，150000 W。

以上のように求められる。

(5) タンパク質

　動物は食物から栄養分をとっているが，栄養分の分子は大きく，そのままでは吸収することが難しい。そこで，消化というはたらきを通して，栄養分を分解し，吸収しやすい物質に変える。消化のときにはたらくものに，栄養分を分解する消化酵素がある。

　消化酵素にはさまざまな種類があり，種類によってどの栄養分にはたらくかが決まっている。この問題に出てくるペプシンは，タンパク質にはたらく消化酵素である。

　ほかにどのような消化酵素があるのか，思い出してみよう。すい液にふくまれるトリプシンは，ペプシンと同様に，タンパク質にはたらく。唾液とすい液にふくまれるアミラーゼは，デンプンにはたらく。すい液にふくまれるリパーゼは，脂肪にはたらく。

　ちなみに，消化によって最終的に，タンパク質はアミノ酸に，デンプンはブドウ糖に，脂肪は脂肪酸とモノグリセリドに分解される。

(6) ア…$2NaHCO_3$　イ…CO_2

　まずは，重そう(炭酸水素ナトリウム)を熱分解すると，どのような物質が出てくるのかを整理しよう。炭酸水素ナトリウムを加熱すると，炭酸ナトリウム(Na_2CO_3)，水(H_2O)，二酸化炭素(CO_2)に分解される。右辺にはこれらの物質が入るはずなので，イに入る物質は二酸化炭素である。

$(NaHCO_3) \longrightarrow Na_2CO_3 + (CO_2) + H_2O$ （式①）

　ひとまず，式①のようにア，イにそれぞれ物質の化学式を入れよう。左辺には反応(ここでは分解)前の物質を書くので，アに入る物質は炭酸水素ナトリウム($NaHCO_3$)である。

　しかし，式①では化学反応式として正しいとはいえない。左辺と右辺でそれぞれ原子の数を数えると，

(左辺)

　ナトリウム(Na)原子：1個

　水素(H)原子：1個

　炭素(C)原子：1個

　酸素(O)原子：3個

(右辺)

　ナトリウム(Na)原子：2個

　水素(H)原子：2個

　炭素(C)原子：2個

　酸素(O)原子：6個

　左辺と右辺で原子の数がまったく合っていないことがわかる。よく見ると，どの原子を見ても，右辺の方が左辺の2倍の数になっている。よって，左辺の原子の数を2倍する，つまり左辺にある炭酸水素ナトリウムの分子を2個にすることで，両辺の原子の数が合い，化学反応式が成立する。

　原子の数を調整してできた化学反応式が，以下の式②である。もう一度，自分で左辺，右辺それぞれの原子の数を確かめてみよう。

$2NaHCO_3 \longrightarrow Na_2CO_3 + CO_2 + H_2O$ （式②）

(7)　**名称…初期微動継続時間**

　　時刻の差…大きくなる。（長くなる。）

　地震が起こると，そのゆれは震央を中心に同心円状に広がっている。地震によるゆれには2種類ある。1つ目は，速く広がるはじめの小さなゆれであり，初期微動という。これはP波によって起こる。2つ目は，初期微動に続いてはじまる大きなゆれであり，主要動という。これはS波によって起こる。

　初期微動継続時間とは，P波が届いて初期微動がはじまってから，S波が届いて主要動がはじまるまでの時間であり，文字通り「初期微動」が「継続」した時間のことである。震源からの距離が長いほど，初期微動継続時間も長くなる。それはP波もS波も震源から同時に伝わり始めるが，それぞれ伝わる速さがちがっており，そのうえ速

さが一定なので，P波が届くまでの時間とS波が届くまでの時間の差が，震源から離れるごとに長くなるのである。

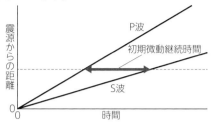

(8)　**理由…(例)音が伝わる速さは光が伝わる速さより遅いから。**

　　距離…1020 m

　気温によって多少の変化はあるものの，空気中を伝わる音の速さは約340メートル毎秒(340 m/s)になる。一方で，光の速さは約30万km/sであり，1秒間に地球を約7周半する計算になる。このことから，音が伝わる速さは光が伝わる速さよりはるかに遅いことがわかるだろう。

　花火からようこさんがいたところまでの距離は，問題文より，花火が見えてから音が聞こえるまでに3秒かかる距離である。よって，

　340 m/s×3 s＝1020 m　となり，

距離は1020 mである。

2

【解答・解説】

(1)　**蒸留**

　混合物とは，複数の物質が混ざり合ったものを指しており，空気や海水，食塩水，そして石油などがふくまれる。

　沸点とは，液体が沸騰して気体に変化するときの温度であり，物質ごとに決まっている。そのため，同じ混合物とはいえ，沸点は物質ごとにちがい，同じ温度でも沸騰している物質もあれば，液体のまま残り続ける物質もあるということになる。

　この性質を使って，目的の物質を沸騰させ，混合物から分離してとり出す方法が蒸留である。

(2)　**720000 J**

　電力量とは，電気器具が電流によって消費したエネルギーの量である。これは，電力と時間の積で求められる。

　この問題では，求めたいものに関係する情報を自分で選ぶことがポイントである。問題文からわかっているのは，電力，電圧，使用した時間であ

る。この中で，電圧は電力量を求めるのには必要ない。（ただし，電流の大きさがわかっていて，電力の大きさがわからないときは，電流と電圧の積で電力を求める必要がある。）

消費電力の大きさは，

150 W＋50 W＝200 W より，　200 W である。

使用した時間は 1 時間＝60 分＝3600 秒（60 分×60 より）より，3600 秒となる。

以上より，電力量は，

200 W×3600 s＝720000 J と求められる。

⑶ （例）光エネルギーを直接電気エネルギーに変換する。

発電するとき，どのような方法であれ，何か別のエネルギーを電気エネルギーに変換して，利用している。例えば，地熱発電の場合は，地下の熱エネルギーを電気エネルギーに変換している。

太陽光発電の場合は，光電池（太陽電池）が太陽光を受ける。すると，光電池によって光エネルギーが直接電気エネルギーに変換される。

⑷ 天然ガスの体積を小さくするため。

天然ガスに限らず，ほとんどの物質は，気体から液体に，液体から固体に状態変化するときに，粒子の運動がおさまり，間隔がせばまり，体積が小さくなっていく（密度が大きくなっていく）。

この性質を利用して，天然ガスを船で輸送するときには，ふつう気体で存在するガスを冷やして液体にして，体積を小さくするのである。

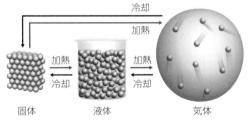

ただし，水については，液体から固体（氷）になるときに，体積が大きくなる（密度が小さくなる）。そのため，水の上に氷が浮かぶことができるのだが，一見当たり前に見えるこの現象も，ほかの物質と比べて見たら，例外的である。

⑸ 地球の公転

太陽にしても，星座にしても，地球からそれぞれの天体までの距離は非常に遠いので，天体ごとの距離のちがいを感じることはできない。そのため，天体を，地球を取り巻く 1 つのドーム（天球という）にあるものとして考える。すると，星座

も太陽も天球の面にあるものとしてとらえられる。

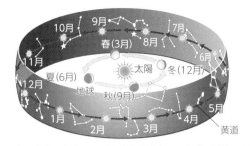

上の図のように，地球が公転，つまり太陽の周りを 1 周することで，天球の面で太陽が星座の中を移動しているように見える。このときの太陽の通り道を黄道という。

⑹ 食物網

チョウはカエルに食べられて，カエルは大型の鳥に食べられる。このように，生物どうしの関係を食べる―食べられる関係として考えることができる。このような生物どうしのひとつながりを食物連鎖という。

しかし，チョウは小型の鳥に食べられることもあり，その小型の鳥が大型の鳥に食べられることもある。このように，食物連鎖は1種類の生物に1つしかないわけではない。1種類の生物が，複数の食物連鎖に関係することで，食物連鎖は複雑にからみ合う。このつながりを食物網という。

このように，食物網は食物連鎖とは異なるものであるため，この問題に食物連鎖と答えるのは適切とはいえない。

⑺ 持続可能

わたしたち人間はこれまで科学技術を発展させて，生活を便利にし，豊かなものにしていった。しかし，科学技術の発展が原因で，環境問題などさまざまな課題が生じている。また，資源やエネルギーにも限りがある以上，いつまでも資源やエネルギーを大量に消費することはできない。

そこで，将来資源が枯渇したり，エネルギーが不足したりすることがないようにしたり，豊かな自然環境を保全したりしつつ，現在の便利で豊かな生活を続けることができる社会を築くことが求められている。このような社会が「持続可能な社会」，文字通りその状態を保ち続けること（持続すること）ができるような社会である。

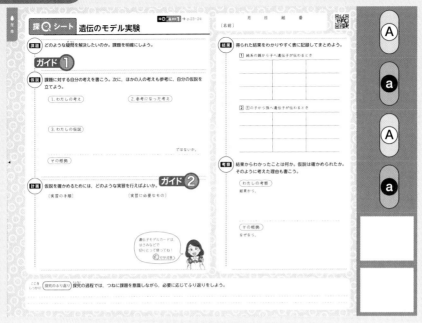

ガイド① 課題・仮説

● 課題

ここまで，遺伝のしくみや規則性について学んできた。遺伝に関する研究に貢献したメンデルは，実際に植物を育てて，形質の伝わり方を研究したが，実際に育てなくても伝わり方を調べることはできないだろうか。できるとすれば，どのように調べればよいのだろうか。ここでは，この疑問を考えていきたい。

● 仮説

実際に植物を育てずに，植物の遺伝子の伝わり方を調べるには，モデルを使って再現する方法をとればよい。

遺伝において重要になるのは染色体である。そこで，身近なものを染色体に見立てて（モデル化して），遺伝を再現する方法が考えられる。手軽に使うことのできるものとして，今回はシートにもついているカードをあげる。

整理すると，「カードを使って遺伝子を再現すれば，遺伝子の伝わり方を調べることができるのではないか。」などの仮説が考えられる。なお，実際の染色体の数は生物によって異なり，カードでは再現しきれない数の染色体を持つものもあるが，あくまでモデル化なので，今回は染色体が2本であるものと考える。

ガイド② 計画・結果・考察

遺伝する形質については，顕性形質と潜性形質の2つがあることを学んだ。今回の実習では，遺伝子をAとaの2種類に分けて考える。

① 親をAAの遺伝子をもつものと，aaの遺伝子をもつものの1組と考えて，それに合わせてカードを組み合わせる。そして，それぞれの親から1つずつカードをとって，子の遺伝子の組み合わせをつくる。下図から分かるように，このとき生じる組み合わせはAaの1種類である（表は，本書p.183のAA-aaを参照）。

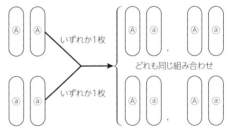

② 次に，Aaの子どうしから生じる遺伝子の組み合わせをつくる。結果は以下の通りになる。

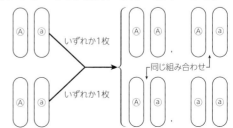

生命

このとき，孫における遺伝子の組み合わせは，AA，Aa，aa の 3 種類あることが分かる。（表は，下の Aa-Aa を参照）

このように，カードを使って遺伝子を再現することで，遺伝子の伝わり方を調べることができた。その根拠は，2 種類のカードをそれぞれ顕性形質と潜性形質の遺伝子に見立てることができるからである。モデルを使った実験と，実際の結果がよく一致するならば，実際の遺伝子も，カードと同じふるまいをしているものと考えることができる。

ガイド 3　遺伝のモデル実験

① このとき，両親の形質とちがった形質をもつ子が生まれる可能性のある組み合わせは，以下の図から Aa-Aa と分かる。

〔考えられる組み合せ〕

AA-AA

親の遺伝子		
親の遺伝子	A	A
A	AA	AA
A	AA	AA

AA-Aa

	A	a
A	AA	Aa
A	AA	Aa

AA-aa

	a	a
A	Aa	Aa
A	Aa	Aa

Aa-Aa

	A	a
A	AA	Aa
a	Aa	aa

Aa-aa

	a	a
A	Aa	Aa
a	aa	aa

aa-aa

	a	a
a	aa	aa
a	aa	aa

② 「黒色と黒色の両親にできる子で黄色のできる場合」に，Aa-Aa を当てはめて考えると，

- Aa は黒色となる遺伝子の組み合わせであり，A は顕性形質の遺伝子なので，A の形質が現れる。つまり A が黒色の形質の遺伝子であり，顕性形質は黒色である。
- 両親とちがう形質をもつ子の遺伝子の組み合わせは，aa。このことから，a は黄色の形質の遺伝子である。また，潜性形質は黄色である。

以上の 2 つのことが分かる。

③ 図〔考えられる組み合わせ〕を見返してみよう。このとき，顕性形質の遺伝子だけもっている子（AA）が生まれる可能性のある場合と，ない場合に分けて，そのちがいを考えてみよう。

考えられる子の遺伝子の組み合わせに AA があるのは，親の組み合わせが AA-AA，AA-Aa，Aa-Aa となる場合である。これらはどれも両親ともに黒色の個体である場合である。

なお，親が分からない黒色の個体については，黄色の子がいないことが条件となる（黄色の子がいる場合，両親ともに潜性形質の遺伝子をもっていることが確実であるため）。

これらの条件を満たすのは，ウ，スである。

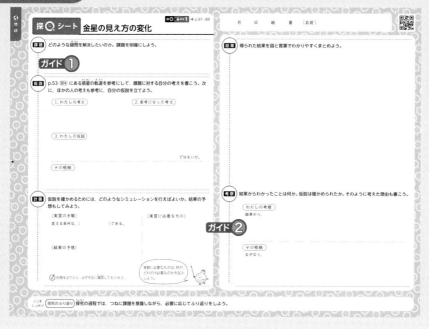

探Qシート　金星の見え方の変化

ガイド ① 課題・仮説

● 課題

　私たちが見ることのできる天体に，金星があげられる。地球から見る金星は，形も大きさも変化する。こうした変化はなぜ起こるのだろうか。今回は，この疑問を考えていく。

● 仮説

　金星は自ら光を出すことはない。太陽の光に照らされて，かがやいて見える。この点で月と似ている。このことを考えると，私たちが地球から見ている金星は，太陽の光に照らされている部分である。したがって，地球から見える照らされてかがやいている部分が変わることで，金星の形が変わって見える，と考えることができる。また，金星も地球も太陽の周りをまわっており，金星と地球の距離が大きく変化する。

　以上から，「金星の見える形が変化するのは，太陽に照らされてかがやく面の見え方が変わるからではないか。金星の大きさが変化するのは金星が地球に近づいたり，遠ざかったりするためではないか。」と仮説が立てられる。

ガイド ② 計画・結果・考察

　シミュレーションの方法を考える上で，小学校で学んだ月の見え方を調べる方法が参考になるだろう。

太陽，地球(すなわち天体を見る私たち)，見たい天体の位置と軌道を再現することが大切である。ただし，月とちがって，金星は太陽の周りをまわっており，地球から見て太陽とは正反対の方向にくることはない。

　金星も地球も太陽の周りをまわっているが，今回のシミュレーションでは分かりやすくするために，太陽だけでなく地球(つまり観察者)も動かないこととする。よって，変える条件は，金星の位置である。使うものは人それぞれではあるが，教科書p.88〜89 の A，B，C などの方法で以下のような位置関係を再現することになるだろう。

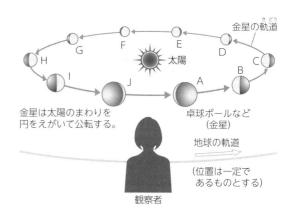

金星の軌道

太陽

卓球ボールなど
(金星)

地球の軌道

金星は太陽のまわりを
円をえがいて公転する。

(位置は一定で
あるものとする)

観察者

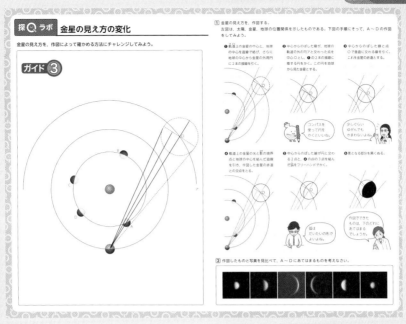

このシミュレーションで金星がどのように見える
のかを記録したものが，A〜J の図である。A〜J
を見比べると，太陽の光に照らされている部分が，
それぞれちがった形で見えていることがわかる。

また，観察者(地球)に近いAやJ の方が大きく，
離れているE，F が小さく見える点にも注目しよう。
地球から見て，金星が近づいたり，遠ざかったりし
ていることで，大きさもちがって見えることが確か
められる。これらのことから，今回の仮説を確かめ
ることができたと考えられる。

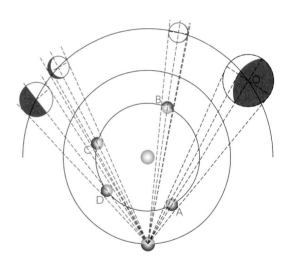

ガイド 3 探Ｑラボ

ここまでは，モデルをつくって金星の見え方の変
化を調べる方法を説明した。しかし，作図して見え
方を確かめる方法もある。この方法だと，紙と鉛筆
(色鉛筆)，コンパス，定規といった身近なものだけ
で探究することができる。

①金星の見え方を作図しよう。

「探Ｑラボ」の右側にある方法に沿って，まずは
Aの作図をしてみよう。多少ゆがんでも構わない。
Aを作図したら，次はB〜D の作図にチャレン
ジしてみよう。作図によっても，金星が満ち欠け
しながら，大きさも変化する見え方のようすが確
認できる。探Ｑシートや探Ｑラボの結果から，金
星の見え方の変化は，地球と金星の位置関係の変
化によるものであることがわかる。

②作図したものと写真を見比べて，当てはめよう。
作図が終わったら，「探Ｑラボ」右下の写真と見
比べよう。6 枚のうちのどれかに，似ているもの
があるはずである。答えは以下の通りである。

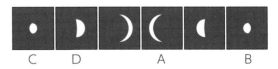

C　　D　　A　　　　B

185

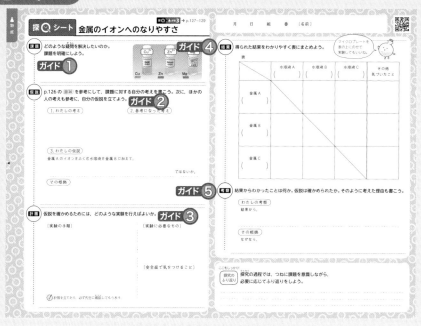

ガイド ① 課題

　銅，亜鉛，マグネシウムのイオンへのなりやすさのちがいは，どのようにして調べられるだろうか。

ガイド ② 仮説

【わたしの仮説】

　金属Ａのイオンをふくむ水溶液に金属Ｂを入れて，金属Ａが固体として出てきたり，金属Ｂが反応してとけたりすれば，金属Ｂのほうが金属Ａよりもイオンになりやすいといえるのではないか。

【その根拠】

　硝酸銀水溶液と銅との反応でも，それを調べることで銀よりも銅の方がイオンになりやすいことを確かめたから。

ガイド ③ 計画

[実験の手順]

①台紙とマイクロプレートを用意する。

②マイクロプレートに金属片と水溶液を入れる。

③変化のようすを観察する。

[気をつけること]

●水溶液が皮膚につかないようにする。

●必ず保護眼鏡をかける。

●使用した水溶液は，流しには捨てず回収する。

ガイド ④ 結果(例)

	水溶液Ａ (硫酸マグネシウム)	水溶液Ｂ (硫酸亜鉛)	水溶液Ｃ (硫酸銅)
金属Ａ (マグネシウム)		マグネシウム片が変化し，灰色の固体が現れた。	マグネシウム片が変化し，赤色の固体が現れた。水溶液の青色がうすくなった。
金属Ｂ (亜鉛)	変化なし。		亜鉛片が変化し，赤色の固体が現れた。水溶液の青色がうすくなった。
金属Ｃ(銅)	変化なし。	変化なし。	

ガイド ⑤ 考察

【わたしの考察】

　結果から，金属と水溶液の組み合わせによっては反応が起こるので，仮説は正しかったといえる。マグネシウムと亜鉛ではマグネシウムのほうが，マグネシウムと銅ではマグネシウムのほうが，亜鉛と銅では亜鉛のほうがイオンになりやすいといえる。

【その根拠】

　結果のマイクロプレートの表が示すように，たとえば硫酸銅水溶液とマグネシウムは反応したのに，硫酸マグネシウム水溶液と銅は反応しなかったから。

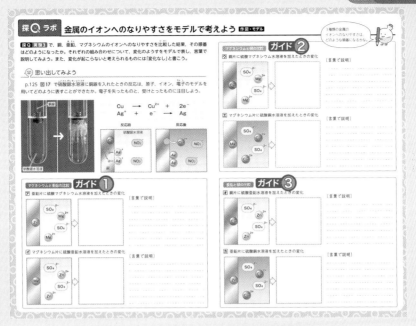

ガイド ① マグネシウムと亜鉛の比較（ひかく）

ア　変化なし

イ

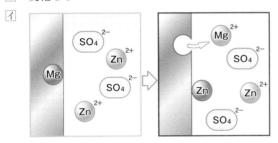

〔言葉で説明〕

　マグネシウム片に硫酸亜鉛水溶液を入れると，マグネシウム片が変化し，灰色の固体が現われた。マグネシウム原子 Mg は電子を2個失ってマグネシウムイオン Mg^{2+} となり，水溶液中の亜鉛イオン Zn^{2+} は電子を2個受けとって亜鉛原子 Zn となる。

ガイド ② マグネシウムと銅との比較（例）

ウ　変化なし

エ

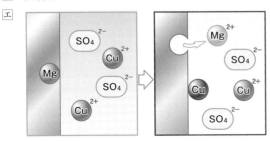

【言葉で説明】

　マグネシウム片に硫酸銅水溶液を入れると，マグネシウム片が変化し，赤色の固体が現れた。マグネシウム原子 Mg は電子を2個失ってマグネシウムイオン Mg^{2+} となり，水溶液中の銅イオン Cu^{2+} は電子を2個受けとって銅原子 Cu となる。

ガイド ③ 亜鉛と銅の比較（例）

オ　変化なし

カ

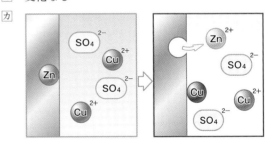

【言葉で説明】

　亜鉛片に硫酸銅水溶液を入れると，亜鉛片が変化し，赤色の固体が現れた。亜鉛原子 Zn は電子を2個失って亜鉛イオン Zn^{2+} となり，水溶液中の銅イオン Cu^{2+} は電子を2個受けとって銅原子 Cu となる。

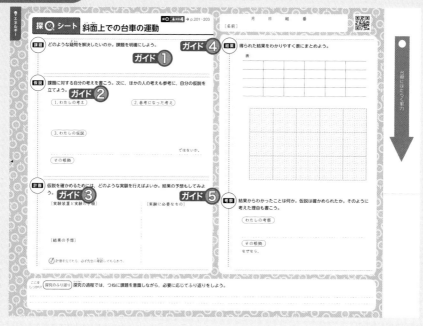

ガイド① 課題

斜面上での台車の速さはどのように変化するだろうか。また、斜面の角度を変えるとどうなるだろうか。

ガイド② 仮説(例)

【わたしの仮説】

斜面上では、台車の速さは一定の割合で大きくなっていくのではないか。また、斜面の角度が大きいほど、速さの増える割合も大きくなるのではないか。

【その根拠】

物体を落下させると速さは大きくなっていき、斜面上の物体は、斜面の角度が大きいほど速くすべり落ちるから。(力の大きさについて述べてもよい。)

ガイド③ 計画

[実験装置と実験の手順]

①斜面を下りる台車の運動(移動距離)を調べる。
②斜面の角度を変えて同様に調べ、比較する。

0.1秒間の移動距離の変化は、その間の平均の速さの変化を表していると考えられる。

[実験に必要なもの]

教科書 p.202 実験4と同様。

ガイド④ 結果(例)

測定開始後〔秒〕	0.1	0.2	0.3	0.4	0.5
斜面(a)〔cm〕	0.7	1.0	1.3	1.6	1.9
斜面(b)〔cm〕	2.2	2.7	3.2	3.7	4.2

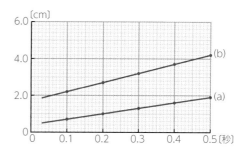

ガイド⑤ 考察

【わたしの考察】

斜面を下る台車の速さは、一定の割合でしだいに大きくなった。また、斜面の傾きが大きくなると、速さのふえ方が大きくなった。

【その根拠】

なぜなら、結果のグラフが示すように、0.1秒間という一定の時間に対し、その時間で進んだ距離が直線的にふえているからである。また、(a)と(b)を比べると、(b)では台車の速さが一定の割合で大きくなるのは同じだが、そのふえ方が大きくなっていることがわかる。

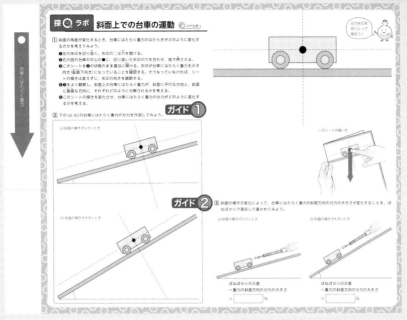

ガイド1　台車にはたらく重力の分力の作図

(a), (b)の台車にはたらく重力を作図する。重力は鉛直下向きにはたらく。重力を対角線とする平行四辺形(ここでは長方形)の2辺が斜面に平行な分力と斜面に垂直な分力である。作図の結果から、斜面の傾きが大きいほど斜面に平行な分力が大きくなることがわかる。

(a)斜面の傾きが小さいとき

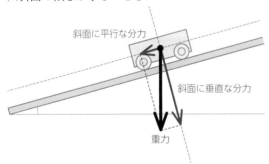

(b)斜面の傾きが大きいとき

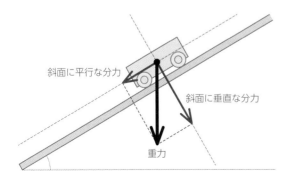

ガイド2　斜面方向の大きさ(例)

(a)　斜面の傾きが小さいとき

台車の質量が500 g(＝台車にはたらく重力が5 N)で、斜面の傾きが15°のとき測定すると、

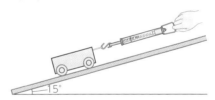

ばねばかりの示度
＝重力の斜面方向の分力の大きさ
＝1.3 N

(b)　斜面の傾きが大きいとき

台車の質量が500 g(＝台車にはたらく重力が5 N)で、斜面の傾きが30°のとき測定すると、

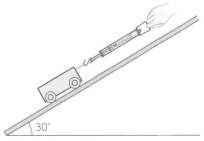

ばねばかりの示度
＝重力の斜面方向の分力の大きさ
＝2.5 N

エネルギー

啓林館版・中学理科3年